U0180264

URBAN RURAL FOUR SEASONS
Space-Time Coordinates of an Urban Planner

四季
城乡

一名规划师的时空坐标

杨贵庆　著

同济大学 出版社
TONGJI UNIVERSITY PRESS

内 容 提 要

本书收入了作者自 2019 年 5 月至 2020 年 8 月之间 60 篇城乡规划专业札记。在当前我国国土空间规划改革发展背景下，从一名从事城乡规划教学实践活动 30 多年的规划师的视角，以国际国内城乡规划教学科研和专业实践为主线，并以此期间担任同济大学城市规划系主任一职和教育部高等学校城乡规划教学指导分委员会委员的身份，记述了作者一年四季所经历的专业活动事件，呈现了在第一线的一名专业工作者观察思考我国城乡规划教育和实践进程的时代切片。

本书以事件活动记述的方式，视角新颖，信息量大，图文并茂，通俗易懂，是了解当今我国城乡规划教学、科研和实践的一个独特窗口，适合大专院校城乡规划、建筑学和风景园林等相关专业的本科生、研究生阅读参考，同时可作为城乡规划教育及相关领域从业人员、城乡规划历史研究学者，以及对我国城乡规划建设发展事业感兴趣的各界人士阅读参考。

图书在版编目（CIP）数据

四季城乡：一名规划师的时空坐标 / 杨贵庆著 . --

上海：同济大学出版社，2021.11

ISBN 978-7-5608-9959-6

Ⅰ . ①四… Ⅱ . ①杨… Ⅲ . ①城乡规划—中国—文集

Ⅳ . ① TU984.2-53

中国版本图书馆 CIP 数据核字（2021）第 210496 号

四季城乡——一名规划师的时空坐标

杨贵庆 著

责任编辑 荆 华 封面设计 杨贵庆 夏小懿 责任校对 徐春莲

出版发行 同济大学出版社 www.tongjipress.com.cn

（地址：上海市四平路 1239 号 邮编：200092 电话：021-65985622）

经 销	全国各地新华书店	
印 刷	上海安枫印务有限公司	
开 本	710mm×960mm	1/16
印 张	21.75	
字 数	435 000	
版 次	2021 年 11 月第 1 版	2021 年 11 月第 1 次印刷
书 号	ISBN 978-7-5608-9959-6	
定 价	98.00 元	

自　序

2019 年 8 月 27 日周二中午，在同济四平路校区的学苑教工食堂，碰到了同济大学出版社江岱一行，正好大家一起在食堂午餐。江岱是同济大学出版社的副总编，曾帮我出版过《黄岩实践》《乌岩古村》等书。大家热聊起来关于当前乡村规划的事，江总编得知我前段时间在酷暑下仍带领学生在浙江黄岩乡村、山东临朐乡村开展暑期工作营教学，以及举办乡村振兴中德论坛等国内外学术交流，不但下基层与村民打交道，而且为地方父母官出谋划策，学术与专业实践的纵横跨度之大，令其十分感慨。她便提议我是否能把我的这些经历记录下来，假以时日便可出一本类似规划师日记的书。说着，她两眼放出兴奋的光亮，脱口而出了书名"一名城乡规划师的时空坐标"。

我很欣赏她这种专注事业的精神，并为之心动。她说，如果能把我的一些经历写下来，读的人将不仅是规划师或从事规划专业的人，而且还会有更多其他领域的人，以便让更多人了解城乡规划这个职业，了解规划人的坚守。

待大家用完餐走出学苑食堂大门，还兴奋地聊了许久。道别之后，已经走出几米开外了，她还特地转身大声地说："我说这句话是有足够的信心，是一个从事多年编辑有丰富经验的人，才对你这么说的。"我理解是她对将来这本还在酝酿中的书的定位有足够的自信。

当晚回到家，白天这个关于记录和出书的建议又萦绕起来。在翌日晨起对镜洗漱的时候，看着镜中的自己，我又想起这事，顿生意愿决定开始迈出第一步，把之后规划师的工作经历和感悟记录下来，积少成多，用日记的方式，但也不必每天记录，碰到有意义的人或事就写下来。如果能坚持一年，一周有 1~2 篇，那么也会有超过半百的篇数，集结出版应该是不成问题的。

为了让这本小书有一个更为简洁的书名，我想到了"四季城乡"这几个字。因为集中记录一年的行程，将跨越春、夏、秋、冬四个季节，而对于我从事城乡规划工作的特点，用"城乡"来体现比较合适。以"四季城乡"为起头，"一名规划师的时空坐标"作为副标题，作为这本小书的书名。

写到这儿，这本《四季城乡》算是开场了。一旦开场之后，就要坚持下去。这件事先可不必告诉江岱，等到一年之后，一叠书稿放在她面前，或许她会惊讶。当然，我也会惊讶，因为届时我会感叹"我毕竟是坚持了下来"。

但最终是能否坚持得下来，还要看我的韧力和修行，以及与这本小书的缘分。《诗经》有云，"靡不有初，鲜克有终"，说的就是这个意思。那么，期待正式开篇吧。

记录完成于 2019 年 8 月 31 日 16：50
同济大学建筑与城市规划学院明成楼 127 室

目录

国土空间规划之帷幕

2019 年 8 月 31 日（星期六）

　　上周六上午 10：00 在同济规划大厦 408 会议室，由吴志强院士（同济大学副校长）召集了一次关于国土空间规划的专题讨论。题为"同济规划院国土空间规划项目联合推进会"，安排了海南项目、兰溪项目、嘉兴项目和温州项目 4 个国土空间规划编制工作的汇报。

　　会议邀请了指导专家，包括张尚武、孙施文、夏南凯、裴新生及同济 CAUP（同济大学建筑与城市规划学院的英文缩写）责任教授团队的多名老师。学院党委彭震伟书记中途也到场了。

　　特别是学院老院长陶松龄先生自言"不请而来"。他应该是在规划系的微信群里看到的会议信息吧。陶先生自然非常激动，并且看得出为了参会发言，提前做了充分的准备。由于会议发言人较多，每人只能讲 5 分钟左右，但陶先生讲了大约 20 分钟。其间印象最深的是关于温州的项目，他谈到规划中的城市人文精神应如何融入。他也许并不知道目前国土空间规划编制的改革已非过去城市总体规划的规程，但老先生对城市发展和规划的情怀和本质的把握，让人十分敬佩！这应该是老一代规划人留给我们最为珍贵的精神财富吧。

在会议开始和结束时，吴志强院士所展开的对于城市发展和规划的陈述，无疑给参会的人尤其是年轻人上了生动且深刻的一课。特别是讲到同济早年的教师郑肇经先生远赴德国留学回国后撰写的《都市计划学》一书。按辈分看，郑肇经先生应该是金经昌先生、李国豪教授等人的老师。据推测金、李两位都应该听过郑肇经先生的课，并且之后他们两位又都赴德留学。金经昌先生在德国留学旅居约8年，曾就读于达姆斯达特大学，在第二次世界大战期间受困滞留德国，战后才得以返回同济，开展规划教学。还有冯纪忠先生，从奥地利维也纳工大留学返回，与金经昌先生等一起于1952年创办了新中国第一个真正意义上的城市规划专业。这一创举，又经过几代人努力，至今同济规划引领中国城乡规划学科的发展。这是当年打下的坚实基础和精神的传承。

吴志强院士说正是因为过去一百年的积累，才有了当今建立国土空间规划体系的时机。一百年的奋斗，开拓了现代化中国现代意义上的规划新纪元。我觉得这种说法比较智慧，因为对当下社会上纷纷扬扬讨论的关于传统城乡规划"要不要""去留"的问题彻底予以回应，进而将其转化为一个历史发展的逻辑，成为规划"起步、传承、发展"的阶段问题。这是吴院士作为一个战略家的思维方式，可以站得更高远，更具有战略性和策略性的时空跨度。

吴志强院士还号召大家把各自所擅长的国土空间规划领域和研究方法标注下来。我恰好坐在他一边，他让我协助绘制了一个矩阵表格，横向为各种类型领域，纵向为空间层次。这个矩阵表早先由吴院士提出，表格的内容总体上我是熟悉的，我曾在全系大会上用 PPT 演示过。这次未带在身边，于是发微信请副系主任卓健老师把当时的版本发送我。我收到之后赶到 13 楼的空间院在电脑前修订了表格安排打印，然后返回会场。

规划系干靓老师在会上协助把这份表格发给了到会的城市规划系的老师，吴院士又要求坐在另一旁的同济规划院周玉斌副院长布置把表格给院内各所的负责人填写。这样很快集中了同济规划院和规划系在国土空间规划矩阵中所有有效的科研力量。会上吴院士小声对我说，他要下决心策划组织这方面系列论著的编写，召集大家一起来写，先建构起一个整体的框架之后再细化完善。

我深刻感受到吴院士的一颗不断进取的规划真心。他对规划的所有情怀和斗志都从他对视我的眼神中传递过来。我也深深领悟到其中所具有的自信，有一种使命感在驱使他这样做，非常鼓舞人。在对城乡规划专业的热爱和执着这方面，我与他有共同之处。当然，我的格局仍很有限，无法与他相提并论。但正是因为这份热爱和执着，让人生充满了不断向前的动力，也带来内心的喜悦。

接下来下午 3 点钟还将有一个研讨会。浙江省台州市规划局的夏海翎副局长率队到同济邀请我和建筑系章明老师，一起就台州市路桥区十里长街的开发项目发表专家意见。

记录完成于 2019 年 9 月 3 日 14：45
同济大学建筑与城市规划学院 C 楼 517 室

规划思维的训练

2019 年 9 月 3 日（星期二）

周二上午 8：00 新学期的第一堂设计课，主题是"城市社区公共中心及场地规划设计"，布置设计任务。新学期我又要开始带这一被视作经典的课程设计，每周二、五上午 4 节课。

这次设计课的教学组长由赵蔚老师担任。按常规，在讲解设计任务书之前或之后，总要有资深的教授给学生进行动员。以前是李京生老师，他讲课诙谐幽默自己却又不苟言笑，总能让大家忍俊不禁，课堂气氛十分活跃。一直以来，我听他的讲课感到很享受。但去年他退休了，据说是到浙江湖州的第一线从事乡村振兴事业。于是，今年我便成为教学团队中年龄最长的一个了，又作为系主任，新学期的动员自然落在我的肩上。借此机会，我正好可以把规划本科五年的专业课程关系和知识点构架给同学们讲解一下，重点突出规划思维的训练，让他们很快进入大三年级规划专业的学习，并树立成为优秀城乡规划师的理想和信念。

这次动员讲话，请了课程助教何睿博士研究生协助录音。

当天下午她很快发来了录音文件并转成了 word 文档。我请助手王艺铮打印了出来以便整理。作为一个记录，我把这个讲话稿的相关内容摘录于后，也作为本书的一个时空坐标吧。

　　本学期"城市社区公共中心及场地规划设计"的教学小组任课教师在课间一起合影，见图 1。

记录完成于 2019 年 9 月 7 日 8：00

湖南大学集贤宾馆 3 楼 1302 房间

图 1　本学期教学小组老师

（前排坐者左起：王骏、黄建中、戴晓晖；后排左起：赵蔚、庞磊、黄怡、刘超、李凌月、于一凡、杨贵庆。照片由同济规划系办公室提供）

建构规划思维

杨贵庆

（根据课上录音整理，编入时有删节）

同学们！你们从现在开始全面进入城乡规划专业的学习了。在这前面的"大一""大二"两年中，大家可能一直在琢磨，城乡规划专业是做什么的？我要学些什么？我们的城乡规划学和建筑学、风景园林有什么样的共同点和区别？我们接下来的路怎么走？需要锻炼怎样的素质和能力？建立哪些思维观念？

城乡规划专业是一门探索和认识城乡发展客观规律、并通过规划的路径使其可持续发展的学科。这里面有几个关键词是非常重要的。"城乡发展客观规律"，但是客观规律的发生不一定都是好事。我们说市场的力量就是一个例证。局部的有序和整体的无序，就可能会导致一种不合理的发展。有些是好的，有些不一定。个体的人组成了一个集体的、有组织的城市区域和人群环境，它会有越来越丰富的内涵，超越了居住的本身，超越了物质性需求的本身，对心理的、文化等各方面有不同需求。如果是处于这样的一个复杂系统发展阶段，那么这就需要我们的规划战略和措施。通过规划的路径让它不断地往好的方向发展。对此，城乡规划和建筑学、风景园林有着非常明确的区别。

上面几个专业从一开始都有关于空间基本概念的课程训练，之后，建筑学开始学习高层、大跨度建筑、更复杂的功能和技术要求的建筑设计，比如说影剧院、音乐厅、体育馆等这方面的建筑类型。通过不同建筑类型的设计训练，以后能够很容易从事建筑师职业的工作，对接甲方的各种订单。

但是，我们城乡规划专业在认识空间原理之后，就不再深入对建筑类型设计进行训练，而是从单体建筑走向更广的空间区域。从现在开始，从单个空间往外走。我们开始从建筑单体走到建筑周边的场地。我们从场地开始，思考通过什么样的空间形态来组织更多的人和谐地生活在一起。比如说社区中心和场地如何组织居民的日常生活？城市是怎么运行的？我们思考和设计的范围越来越向更广阔的区域空间发展。因此，城乡规划专业从此开始走向更大范围。

今天，我们从建筑单体跨出去的第一步就是社区中心和场地设计。思考的问题是：空间如何更好地组织日常生活？我们这次不仅仅是做一个社区中心的建筑设计，当然，它肯定要包含建筑设计本身，我们希望同学们思考如何用社区中心这种建筑空间类型去表达日常生活这个对象，其本质是：通过社区中心和场地设计来更好地组织人们的日常生活，提供一种好的生活品质，满足人们的需求。

因此，我们要对人们日常生活内容进行深入了解。之前一周的"居住区认识实习"的课程安排，就是这个目的。通过了解不同空间类型、收入水平、历史年代的住宅区，深入了解人们的不同需求，了解日常生活空间是怎么组织的？它对应怎样的空间形态？空间形态如何干预或制约了日常生活？因此，核心是人，人们是怎么组织起来的。完成了上个星期的认识实习课程，我们现在开始进入了社区中心和场地的课程设计。

我们评判好的作业的标准，是如何通过社区中心和场地来组织和体现更加美好的生活。以人为本，社区中心和场地的设计追求一种什么样的更好的生活？用什么样的方法去组织人们更好的生活？因此，这里面蕴含了无穷的思考和创造性。你对未来的社区中心是怎样的理想和组织方式？在当前这个网络的时代，许多人"宅"在家里，许多人不愿意出门交流活动，那么还有哪些人需要社区中心和场地？你方案中的社区中心怎么来组织人们的社会生活并赋予睦邻精神？

这种睦邻精神正是我们要追求的。那么，从这个课程设计开始，下学期我们就会走到整个的居住小区，我们就会做住宅区的规划，范围也就越走越广。到那个时候，设计范围要覆盖到周边住宅小区，组织更大范围的生活要素。比如说日常出行的交通问题，机动车停车和人行出入的问题。当然，机动车停车和出入口设置问题，这次就要开始训练了。如果说停车交通和人行组织问题无法解决的话，那么，设计方案也很糟糕了。

这次课程设计还只是一个小规模的训练。让大家先建立关于密度的概念，一开始难度太高也不行。但是到了下学期"大三下学期"的话，设计范围更大，涉及问题更多。例如，交通主次干道更多，设施类型更多，涉及的居住人口数量更多了，需求更具有多样性。到了"大四上学期"的时候，我们的规划设计范围开始走向城市中心，走到一个更大的城市范围。我们可能做一个高铁站周边的城市设计，也可能做一个城市中心商贸区的城市设计，也可能做一个滨水区的综合城市设计。到那时，同学们还会参加全国教学指导委员会的城市设计作业评优。全国 200 多个有城乡规划专业的学校，每个学校都会把优秀城市设计作业选送评优。到了"大四下学期"，同学们将开始面对整个城市的开发控制规划。如何来控制引导城市的开发过程？通过城乡规划的干预来控制开发的过程，使城市建设能够向着我们所要求的所希望的方向发展。到那时，要考虑的城市要素就更加多了，必须加以综合考虑。如果只追求开发效益的话，那么很可能会带来很多其他问题和冲突，比如说城市开发和历史街区保护的问题，新与旧的关系问题，传统街区更新的问题，当然还有城市与自然山水关系的问题，等等。我们就会考虑更多的因素。到了"大五"的时候，我们就会做毕业设计了。当然这期间我们还要做一个乡村规划课程设计。因此，城乡规划的规模范围是越来越往大里走。

那么我们现在如何学好城乡规划呢？评价一个优秀城乡规划学生的标准，就是看他是否建构了"规划思维"。规划思维是职业成功的法宝。其实最后凝练成为城乡规划专业的竞争力，就是看你有没有规划思维，这跟其他专业不同。那么有的同学要问：什么叫"规划思维"？简单来说，规划思维有以下"三观"：

第一观是"系统观"。从现在开始大家要建立系统思维的概念，就是把一个要规划的对象，作为一个系统来看待。如何深入理解系统思维？我们借用系统科学的理论：如果一个物质对象被称为系统的话，那么它要具备三个方面：第一个就是系统的"要素"，即系统由哪些要素组成？比如说一个人作为一个系统，那么就要有鼻子、眼睛、嘴巴和各部分的肢体乃至各种器官，是吧？如果社区是一个系统，那么由哪些要素组成一个社区？一个完整的社区中心建筑，是由哪些要素组成的？第二，要素的"功能"。组成系统的要素有哪些相应的功能？比如说我们的鼻子是有呼吸和嗅觉的功能，嘴巴吃东西，耳朵用来听，是吧？人体的每一个要素都有它的功能，如果没有功能的话，早就"用进废退"了，早就随着人类的进化而被退化掉，因为没有什么用了。只有功能才能够使得要素的形式成立，反过来才能让要素合理地、有效地发挥功能。那么，社区公共中心建筑和场地的要素发挥什么样的功能？当然，在当前的社会环境下，面对人们的不同需求，有很多功能需要考虑。比如说老龄化社会下的服务设施，为老服务的功能。我们在座的于老师（于一凡教授）专门研究老龄化社会的规划问题。社区公共中心建筑和场地，当然要体现对老龄群体的社会关怀。而且，社区的社会功能，很大一块就是对老年人颐养天年的关怀，当然还有对儿童成长过程的关怀。因为老年群体和儿童对社区环境的依赖更大。而我们年轻人就不太大，早晨起来上班就出去了，晚上下班才回去，对社区公共设施和环境的依赖性不太大，更多的是下班回家睡觉。而老年人和儿童的出行范围有限，他们一天中大部分时间就在小区内外，更多地依赖社区公共中心的设施和活动场地。社区的功能是社会功能的体现。第三个是要素的"结构"。系统的各个要素是怎么组成的？比如说鼻子一定要长在这里，鼻子和眼睛的距离和位置应该是最合理的吧？如果鼻子长在其他地方就不妥当了吧？甚至危险了吧？而且我觉得这种器官组成演绎进化的结果就是它的结构，即它放在哪儿是最重要的、最合理的。因此作为一个系统，社区中心也应该包括各种要素及其相应的功能，并且整体上合理地布局。又比如说，社区公共中心里面的公共厕所这个设施要素，也要合理考虑。社区中心如果没有公共厕所肯定是不行的吧？老年人由于生理原因，上厕所的频率要高一些，有需求。但厕所放的地方要总体合理安排。虽说厕所非常重要，但是放在一进门很中心、太显眼的地方也不行，不仅是可能产生令人不愉快气味，而且也不应该成为过于重要的内容。因此，从今天开始我们要建构一个关于系统性的思维。对一个规划对象，你要思考它有什么样的组成要素？要素发挥什么样的功能？用什么样的组织关系来确定最优的结构？

第二个是"整体观"。如果说一个建筑是一个系统的话，那么许许多多建筑在一起，将形成一个城市"巨系统"。因此，局部与整体的关系就显得十分重要，个体与个体之间存在关联，个体之间的相互作用组成了局部和整体。那么，如何处理好局部和整体的关系？从社区到城市，如果社区中心是一个子系统的话，那么，城市的系统更复杂、更多元。比如说工业、商业等，某些子系统之间还会存在冲突。比如工业生产造成的各种污染对居住健康造成有不好的影响。作为一个城市的整体，我们必须考虑它们相互之间合理分布的关系，局部和整体的关系，形成"整体观"思维。

第三个是"时空观"。一个好的规划，一定要把时间向量放进去。核心是如何处理好历史、现在和未来的关系。建成环境中现有的历史遗存，你应该怎么来对待？虽然今天你们的社区公共中心和场地的规划设计，基地条件设定得比较简单，当作一片空地来看，但是，你们以后毕业出去的话，面对的设计基地绝对不会是这么简单，一定会有老的建筑、旧的设施，有的建筑或设施的传统文化价值比较高，甚至有的还有各级文物保护要求。如何正确地对待历史环境或建成环境的历史性？如何辩证地对待？这就要考虑过去、现在和长远的关系，对未来发展预留可能性。那么，时间和空间的结合，形成"时空观"。关于空间，还有空间层级的问题。今天我们面对的社区公共中心和场地，这个空间层次，从城乡规划的角度来讲是微观的，属于"邻里"和"社区"层级。

我们将从社区邻里的微观，拓展到城市这个"中观"，再到"宏观"区域，甚至国土疆域，"一带一路"或更大的范围。

从现在开始，同学们就要训练"规划思维"。你有没有规划思维，这是衡量你是不是城乡规划专业学生的标志。一旦规划思维训练成功以后，你就可以处理任何规划业务。因此，学好规划的"三观"非常重要，要在学习过程中培养锻炼，建构起规划思维。

再回到社区公共中心建筑和场地设计这个题目。与其说它是一个规划设计，不如说是一种理想追求。从今天开始，同学们的设计，首先要把前两年所学到的设计基础训练，包括空间构成、美学基础等知识都要运用起来。但同时，它不是纯粹的一个设计工作，更重要的是一个追求，一个对美好人居的追求，是你从事的城乡规划职业的理想追求。这将成为你的人生价值的重要组成部分。

好，今天我就讲就到这里，谢谢各位！

调研上海市崇明区长兴村

2019 年 9 月 4 日（星期三）

    由于上海市住房和城乡建设管理委员会科学技术委员会委托的课题将在 9 月 19 日下午进行中期阶段汇报，所以安排了两次市内乡村调研。这个课题是上海市住房和城乡建设管理领域"十四五"规划预研究课题，名称是"大都市乡村人居环境功能重构与品质提升战略研究"。项目调研会分为两场，首先开展的是崇明区长兴村的调研。

    调研联系人和总协调人是市住建委科技委的华莹女士。中午 12：00，同济调研团队在四平路校区对面的君禧大酒店大堂外集合出发。我开自己的别克车，带上宋代军、王艺铮、秦添和张宇微一起。驱车将近一个半小时，下午 1：40 才到达长兴村的村委会（兴家路 1288 号）。会议从下午 2：00 至 5：00，先是座谈会（图 2），然后是现场调研（图 3）。

    参加的人员，除同济的 5 人，还有 11 人，分别是：邢峰（城桥镇副镇长），李杰（崇明区建管委村镇建设科科长），施驾宇（崇明区农业农村委村镇建设科科员），袁超平（城桥镇经济办主任），王刚（长兴村村支部书记，村委主任），

图2 长兴村调研会　　　　　　　图3 长兴村实地调研
（左起：宋代军、杨贵庆、华莹。照片　　（左2：杨贵庆。照片由华莹提供）
由华莹提供）

华莹（住房和城乡建设委员会科技委纪委书记兼长兴村驻村指导员），黄国超（上海江凡果蔬种植专业合作社负责人，据说也是"稻花鱼"品牌的创始人），夏孝勤（上海市崇明区黎穗粮食专业合作社负责人，城桥镇农技中心技术员），李闵（上海市城乡建设管理委科技委办公室副主任），程凝（上海市城乡建设管理委科技委办公室规划研究部副主任），李昕余（上海市城乡建设管理委科技委办公室规划研究部工程师）。此外，云南挂职的一名罗书记也在场，未发言。

会议之前，同济团队准备了调研问题提纲，在会上发放，大家围绕问题展开积极的交流，提纲包括6个引导性问题：

（1）村庄情况介绍。如,村区位环境特征、人口、就业收入、产业经济、土地建设、农转用、公共服务设施、基础设施、绿地、水系、绿色建筑等,历史文化、特色资源的整合及开展的相关规划等。

（2）本村及周边区域在上海大都市乡村人居环境的功能

转型和品质提升上的特点与优势是什么？

（3）村庄发展的劣势是什么？

（4）村庄发展的机会是什么？如，发展目标、重点任务、"十三五"要完成的项目、"十四五"拟开展的项目等。

（5）村庄发展遇到的挑战是什么？

（6）有哪些体制机制上的诉求？

以上6个方面基本上根据SWOT(Strength(优势),Weakness（劣势）, Opportunity（机会）, Threat（风险））的思路开展，所提的问题只是作为引导。实际上座谈会上大家畅所欲言，例如，对崇明岛作为国际生态岛建设，对村庄和集镇发展的相关权益和问题等作了深入的讨论。在总结发言的时候，我提出了关于"农、旅、文、康、养、教"六个方面的策略意见。

9月9日，华莹书记发出了"文明城桥"公众号的微信推送，标题为"问渠那得清如许，唯有源头活水来——长兴村迎来同济大学杨贵庆教授一行为乡村振兴'把脉'"，图文并茂，又全面记录了调研工作，并在结尾处写道："杨教授强调，每一个乡村都有其特有的资源和优势，要善于发掘,因地施策,尤其是要发掘其精神灵魂，'文化定桩'，焕发村庄的历史文化光芒；单一农业无法实现土地价值，乡村必须注入多元要素，'农、旅、文、康、养、教'全面发展，才能实现乡村振兴。"

作为调研的记录，我把这一个微信推送保存了下来。如果"四季城乡"一书来年可以集结出版，也可把关于会议记录的文字列入于附件中，也可列入微信图文，作为一个比较全面的记录。

记录完成于 2019 年 9 月 13 日（中秋节）16：00

同济绿园添秋斋

附：文明城桥微信公众号 2019-09-09 推送（节选）

问渠那得清如许，唯有源头活水来
——长兴村迎来同济大学杨贵庆教授一行为乡村振兴"把脉"

近期在驻村指导员华莹联系协调下，长兴村迎来了同济大学的杨贵庆教授和他带领的上海市住房和城乡建设管理领域"十四五"规划预研究课题——"大都市乡村人居环境功能重构与品质提升战略研究"课题组成员。会上，课题组与区住建委、农委、镇村两级主要领导、驻村指导员、以及驻村合作社代表就长兴村及其所在的城桥镇，乃至崇明区的人居环境特点、优劣势、机遇与挑战等方面进行了深入的交流。大家知无不言，言无不尽，结合各自工作向课题组充分介绍情况，分享经验，也交流了工作中遇到的困惑。会后，课题组一行实地考察长兴村鱼稻混养项目以及村内的重要水系资源。

城市的农村是城市发展的宝贵战略资源，经过前期"美丽乡村"建设，长兴村通过抓整治、强筋骨、提品质，人居环境得到大大改善。但是我们仍然需要清楚地看到农村地区存在公共安全隐患较多、公共服务配置不均衡、土地资源使用效率低下、就业机会少和就业质量不高、农民建房机制不健全等阻碍乡村发展的问题。

调研上海市青浦区淀西村

2019 年 9 月 5 日（星期四）

接着昨天下午在崇明区长兴村的调研，今天上午在青浦区淀西村开展乡村建设调研。早上 6：50 就从同济大学四平路校区出发，自己开车，仍然是上次的 5 人，到淀西村的时候已经是 8：40 了。还好出发早，否则遇到早高峰，无论如何也无法按时到达。村委会的地址是青浦区金泽镇淀西村锦商公路 4000 号。

上午的调研座谈专门邀请了薛峰主任。他是同济 1986 级景观专业的校友，本科毕业后他读了张振山教授的景观学硕士研究生，毕业后在青浦区规划局工作多年。前不久又从青浦区旅游局局长的任上，到青浦区区域发展办任办公室主任，主要是协调长三角一体化国家战略构架中上海市青浦区地方的工作。薛主任的到来，对于长三角一体化构架下的大都市乡村发展问题的讨论将会提供更广阔的视角。

除了昨天下午参会的市住建委和同济方面的原班人马外，青浦方面有 8 人参加：薛峰（青浦区区域发展办办公室主任），黄元杰（青浦区农业农村委副主任，青浦区金泽镇淀西村驻村指导员），钱坤荣（青浦区马仑村指导员管理办公室主任，青浦区农业农村委调研员），郭旸（青浦区建设管理委员会综合规划科科员），马臣（青浦区金泽镇宣传委员），周梅林（青浦区金泽镇淀西村党支部书记），张明荣（青浦区金泽镇淀西村村委会主任），蔡雪林（上海西翼农业合作社）。

对青浦区乡村的发展，如何在长三角区域一体化发展目标下，既考虑上海大都市的区域特征，又要考虑到淀山湖水资源的保护？这需要把乡村发展放在一个时空变迁的背景下。社会结构已经发生巨大变化，空间结构也随之变化。功能重构并不意味着推倒重来，不是消灭原来的所有，而是要甄别原有价值，进行创造性转化、创新性发展。在这一过程中，自上而下、自下而上发生互动，城乡要素双向流动，仅靠乡村单方面难以实现乡村振兴。同时，要基于农业，向现代农业转化，并拓展与旅、文、康、养、教等方面的联动，在"文化定桩"的引导下，活化所有的沉睡资源，改进利用好能够利用的资源，积极壮大集体经济，提高村民的收入。

通过两天的调研，我对上海大都市乡村的未来，开始有了一点比较清晰的认识。大都市的乡村，如何作为重要的战略资源？上海大都市的乡村应该可以走出不同的振兴路径。

记录完成于 2019 年 9 月 13 日 17：00

同济绿园添秋斋

岳麓书院"明伦堂"的明伦

2019 年 9 月 6 日（星期五）

昨夜乘飞机赶到了湖南长沙，为的是到湖南大学参加一年一度召开的全国城乡规划教学指导分委员会（简称为"教指委"）年会，以及之后两天的在教指委成立之后的首届全国城乡规划教育年会。之前叫"专指委"，现在是"教指委"，所以这次会议又是"教指委"成立之后的第一届年会。

第一天我入住枫林宾馆，今天转住集贤宾馆，都在湖南大学的校园内。上午我参加了城市设计的作业评优组活动。大家一起评出了优秀作业。下午 2：30 在集贤宾馆集合，在湖南大学（简称"湖大"）建筑学院柳肃老师的带领下，大家一起参观了著名的岳麓书院。对我来说，这是第一次身临其境，感觉到这一历史文化建筑带来的震撼。其选址、布局的大气和规整，深藏内气，风貌刚稳。参观书院之后，大家又来到北侧的文庙。文庙的主轴线依然是东西向的，即主轴的朝向与书院的主轴线平行。走在院子中，抬眼便可看到高台上的"明伦堂"。

"明伦堂"堂前草坪上立有一块牌子，上刻文字对这一建筑作了介绍：

　　明伦堂是文庙内讲学明伦之所，语出《孟子·滕文公(上)》，"夏日校，殷曰序，周曰庠，学则三代共之，皆所以明人伦也"。书院明伦堂建于明正德二年(1507)，后毁。2004年重建于今址。

　　据柳老师说，此幢楼内还有不少大小不一的教室，甚至有4人的小教室，给博士生上讨论课用的。我想，莘莘学子在此读书研讨，这恰如"明伦"的含义。拾阶到了"明伦堂"前廊，大家便陆续进入到明伦堂内，围着屋墙一个大圈入座，准备开始教指委委员的工作会议（图4）。

　　参观岳麓书院不仅让我感到震撼，更是肃然起敬。柳老师的介绍信息量丰富，内涵深入，对此处的保护和改造、重建的工作如数家珍，细部深入且十分感人。甚至有"东司""西司"的公共厕所设计，也是他的匠心独运。说是借用了古代

图4　岳麓书院明伦堂教指委会议
（照片由湖南大学沈瑶老师提供）

庙宇两侧的厕所名称，雅俗并存，可谓妙思，据他说这已成为网红厕所。湖大建筑学院、湖大本身，因为岳麓书院的历史而底蕴深厚。书院一侧还有新建的据称中国唯一的书院博物馆。柳肃老师说那是湖大建筑学院魏春雨院长主创设计的。素混凝土和玻璃、钢等材料的娴熟运用，虚与实的对比，产生了雄浑、厚重且不失节奏的灵动。总体来看，岳麓书院的历史文化内涵和总体布局让我有很多感悟。我还需要认真学习这一历史内涵，并且把这种文化精神和文化力量传递到我目前从事的乡村营造的实践中去，让场所更具有魅力，充满人文魅力，培养带动更多的年轻学子成为规划行业"翘楚"，不断传承和丰富造景、造地、造美好人居环境的精髓。

下午召开工作讨论会，在文庙的院落中央，崇圣祠石阶上，所有与会者拍了一张合照（图5）。主任委员吴志强院士因事假没有赶到。多数委员都在场了，合影就作为后来者研究的一个历史注脚吧。

由于工作年会马上要进入讨论环节，匆匆搁笔。会后再细细考察书院环境。今晚还计划抽暇去西侧山坡上著名的"爱晚亭"膜拜一下。这个文化内涵深厚的地方，值得细细品味它的深蕴，感悟时光岁月的沉淀，以及这种丰实沉淀所散发出的文化魅力。

记录完成于 2019 年 9 月 6 日 15：15
湖南长沙岳麓书院明伦堂

图 5　岳麓书院崇圣祠石阶上的合影

（前排左起：叶裕民、石楠、孙施文、石铁矛、李和平。照片由湖南大学沈瑶老师提供）

参加全国规划教育年会

2019 年 9 月 7 日（星期六）

2019 中国高等学校城乡规划教育年会的开幕式 9 月 7 日上午在湖南大学的大礼堂举行。会议的主题是"协同规划、创新教育"，是由全国城乡规划专业教学指导分委员会主办，湖南大学承办，并由长沙市科学技术协会、国土资源评价与利用湖南省重点实验室协办。

召开会议的这个大礼堂是新中国成立不久建造的，据介绍已经被列入了历史建筑名录。礼堂室内的空间氛围很独特，有一种精心设计的艺术倾向，感觉是把建筑的结构构件同装饰效果融合在一起设计的，而不是分离的。

开幕式上，主任委员吴志强院士在做"教指分委主任委员工作报告"时，把新一届教指委的委员名单一一念了。叫到名字的委员均站起来向大家致意。根据要求，每一位教指委委员都要联系一个省份的学校。我被安排接手之前中国人民大学叶裕民教授联系的青海高校的任务。有两所学校：青海大学和青海师范大学都有城乡规划专业。除了青海之外，我还被分派负责联系上海片的学校。一个是上海，一个是青海，两个"海"，这将是我担任这一届教指委委员工作期间的任务。一任共 4 年，从 2019 年至 2022 年。4 年的工作，应该也是另有一番意义的吧。我曾以"I was born for urban planning"自我勉励，经过许多年的积累，也有际遇巧合的因素，今天成为全国城乡规划专业教学指导分委员会的一名成员，社会责任压肩：为中国城乡规划教育的发展贡献一份力量吧！

当天下午是教师教研论文交流环节，我担任其中一个交流会主持人。地点是湖南大学建筑学院 5 号会场。论坛一共有 6 篇论文交流，由 6 名老师或他们的研究生代为宣读。第一个出场演讲的是我的同事庞磊老师，接着有来自天津大学、华中科技大学、大连理工等学校的。

大连理工大学苗力老师宣读了《基于深度认知的城乡规划三年级设计课教学改革实践》。当苗老师得知我也正担任大三年级的设计课，大家一起交流了些许。河北工业大学许峰老师借用生物学 5E 的概念，应用在城市设计课程的教学方法，分别是"Engagement, Exploration, Explanation, Elaboration 和 Evaluation"，从参与探究解释阐述到评价。我在点评的时候加了一个"E"，"Effectuation"（实践），建议他用 6 个"E"吧。

这次规划教育年会总体上很成功。大会的三个主旨报告各有特色。从全国各地来的老师大多是冲着学生作业评奖活动来的吧，因为到第二天上午的闭幕式环节宣布获奖名单和颁发奖状之后，回头再看会场，已经有不少老师离场了，也许是赶着下午的返程。获奖学校的作业数量分布并没有什么规律。

这次同济也来了不少老师，大致十多名，拍了些部分人员的合照。第一天会议开幕拍大集体照的时候人确实非常多。这么多年连续参会，我在规划教育界已认识了不少全国的同行朋友，但随着时间推移，看到越来越多的是年轻的面孔。当他们纷纷前来和我打招呼的时候，我却不能一一对上姓名。可谓是长江后浪推前浪，正如那些年迈已经退休的老师，比如我的博士生导师陈秉钊先生，甚至比陈先生更年轻一些的如赵民老师，都已在 65 岁之上，有的甚至 80 岁以上，已经不再参加这类的活动。总有一天，我也会离开这样的学术舞台，让贤于更加优秀的年轻一代。

在第二天闭幕式会议开始前 10 分钟，由于我是从集贤宾馆住处餐厅前往湖南大学的大礼堂，打算从大礼堂东北侧的靠近主席台的边门进入会场，在门外适逢湖大建筑学院的魏春雨院长。其微笑着与我握手相迎，估计他已经站立此处多时迎候专指委委员从此门进出，于是就用手机合影了一张照片，又顺便聊起新近留在同济规划院教授工作室的我的助手王艺铮。王艺铮本科毕业于湖大建筑学院的城乡规划专业，三年前她获得湖南大学推免资格到同济读硕士学位，现已毕业，不仅学业优秀，而且工作上也得力，可谓与湖大城乡规划本科的基础打得较好不无关系。

作为这次第一届全国教指委会议和教育年会的记录，匆匆写就，亦是本书的一个时空坐标点吧。

记录完成于 2019 年 9 月 13 日 13：08
同济绿园添秋斋

附：教育部高等学校城乡规划专业教学指导分委员会机构名单

主 任 委 员：吴志强
副主任委员：（按姓氏音序排列）
　　　　　　陈　天　李和平　石　楠　石铁矛　张　悦
秘 书 长：孙施文
委 员：（按姓氏拼音排序）
　　　　　　毕凌岚　陈有川　储金龙　华　晨　黄亚平
　　　　　　雷振东　冷　红　李　翅　林从华　林　坚
　　　　　　罗萍嘉　罗小龙　王浩锋　王世福　阳建强
　　　　　　杨贵庆　杨新海　叶裕民　袁　媛　张忠国
　　　　　　周　婕

同济大学的"双一流"

2019年9月11日（星期三）

本周三上午9：00，在同济大学中法中心501室召开了同济大学"双一流"建设中期自评专家评议会。伍江常务副校长主持会议，并做了同济大学"双一流"建设情况汇报。吴启迪（教育部原副部长、同济大学原校长）作为专家组组长，成员包括瞿振元（国家教育咨询委员会委员、中国高等教育学会第六届理事会会长），周绪红（中国工程院院士、重庆大学原校长），郑时龄（中国科学院院士、同济大学学术委员会主任），王战军（北京理工大学研究生教育研究中心主任、教育部高等教育教学评估中心原副主任），李雄（北京林业大学副校长、国务院学位委员会风景园林学科评议组召集人），顾牡（同济大学理学部副主任、同济大学学术委员会副主任）。

这个会议的级别颇高，从专家组成员就可看出，学校为此也十分重视，校领导除了校党委书记方守恩在北京参加中央重要会议之外，其他许多都参加了。陈杰（校长），副校长还有江波、蒋昌俊，名单排在徐建平（党委副书记）、吴广明（党委副书记）之前，接下来的排序是：顾祥林（副校长）、方平（党委副书记）、陈义汉（副校长）、凌玮（副总会计师）。此外还有各学院学科负责人、校机关相关职能部门负责人。上海市教委也派人参会。

学校、学院对这个会都十分重视，要求系主任必须参加，为此我调整了去山东临朐县汇报设计项目的计划。整个上午只是参加听会，并不需要发言。虽为听会，但由于专家组阵容豪华，所以也当作一次学习的机会，对自己素质的提升亦是很好的训练。大专家们的讲话都很有水平，为"官"多年，经验丰富，看问题切中要害。虽然大多不是这个学校出来的，但对评议材料和整体状况的把握十分准确，夸奖一番之后，其批评的表达也十分巧妙。作为学习，记录了发言的要点。

瞿振元指出：引、育并举，以育为主，应提高博士生教育水平。

周绪红指出：拔尖人才的创新水平如何体现？应加强一流师资队伍建设。

郑时龄指出：不要写"大"领头的表述，"大不大"要让别人来说，自己不必说。还需努力，对标国际一流学科，不限于一流大学。

王战军指出：除了与世界其他大学比，还要与同类学科的世界 5 强比，不光依赖第三方评价，还要了解世界科技类TOP5 大公司，看看他们正在探索什么。

李雄指出：对人居环境学科群更多关注，加强自信，主动谋划，应体现同济担当。

吴启迪指出：学校态度非常认真，进步非常大。要重点讲习近平总书记在同济 100 周年校庆说的三点内容。学校人才进步了，但不够。注重毕业人才的质量反馈。理工一定要强，此外，"0—1"的东西少了。

我理解吴启迪副部长讲的"0—1"应该是指从无到有的原创性成果吧。

会议最后安排了市教委蒋红巡视员讲话，结束前由陈杰校长讲话。

整整半天的会议，一直开到了中午 12：00。我感觉学习了不少思考问题、表达观点的方法，十分受益。对于城乡规划学科的进一步发展，也有所启发。博士生、博士后作为人才培养的主战场，这一块并不出色，同济规划的本科、硕士研究生培养都处于强项，但博士生生源质量仍需提升，关键是吸引大牌教授、理论家和实践者，更加提升知名度和成果产出，感召全国乃至世界更多优秀学子前来报考。原创性的中国城乡规划理论必须尽早建构起来，需要自信并且要有急迫感和使命感。身为同济规划系主任，不可以得过且过，而是要从更深层次、更长远的方面去考虑。

记录完成于 2019 年 9 月 13 日 13：08
同济绿园添秋斋

城乡规划学一流学科的建设

2019 年 9 月 15 日（星期日）

9 月 15 日下午，在同济大学建筑与城市规划学院举行了城乡规划学一流学科建设中期自评专家评审会。城乡规划、建筑学和风景园林学三个一级学科，同为一流学科一并中评。建筑系是系主任蔡永洁汇报，景观系是系主任韩锋汇报，城市规划系则由我汇报。三个系主任分别登场。一开始是李振宇院长总的汇报，三个系汇报之后是学院彭震伟书记收尾。

学校重视度十分高。校党委方守恩书记到场，伍江常务副校长、郑时龄院士、常青院士都在，并兼为专家。校外的专家阵容十分强大，东南大学王建国院士领衔作为组长，其余有清华大学的庄惟敏院长、华南理工大学的孙一民教授、西安建筑科技大学刘克成教授、天津大学的运迎霞教授、重庆大学的杜春兰院长、华中农业大学的高翅教授等。

各路专家谈的意见水平都很高，高屋建瓴、高瞻远瞩，不愧为业界翘楚。一个下午的会议，受教良多，真是一个学习机会。虽然一连三天中秋节小长假的最后一天下午也被安排了满满工作，但聆听大师的评议确实可以从中感悟到他们多年的积累，他们的眼光、智慧、情商、技巧等，都融会贯通在一起。历练几十年，举手投足，对问题的洞察力令人叹服！

清华大学庄惟敏院长的意见切中要害。不仅在"规划"层面，还要在"思想层面"，"务虚不够，应认真考虑到底学科面临什么问题"，"应研究今天建成环境的本质"。西安建筑科技大学的刘克成发言提到了"仅为一流"，"能不能与'人类命运共同体'相结合，多考虑'国际格局'，基于自我的研究，对人类有所贡献"，"地处上海，应对上海的问题要有足够的重视"。王建国院士的归纳很有力量，"如何突出同济世界一流"，"期待大建筑学科国际平等的语境下的对话和尊重"，"每个学校有条件的情况下，发挥特色，something different"，"学科应显示自己的特色"。

应该说，目前同济城乡规划教育家大业大，在长期的积累过程中，有着引领全国的地位，这得益于历史传统，得益于群力合作，也得益于上海这座国际化大都市的区位优越性，以及其人文底蕴。然而，同济城乡规划的发展仍有很大空间，而且目前的立志尚不高远，用力并不聚合，社会资本并不足够强大，与国际顶尖同类学科发展比较，危机仍然较大。作为系主任，我不仅要把自己的科研、教学搞好，还要率领大家努力奋进，更多关心爱护鼓励年轻教师立志前行。

无疑，同济城乡规划学科的发展需要加倍用力，既要固本，又要谋求突破。吴志强院士已经在排兵布阵，城乡规划又辟新境。城乡规划学科的现代之路将在吾辈开启新篇章。

记录完成于 2019 年 9 月 20 日 17：45

同济绿园添秋斋

附：评审会会议议程、专家名单和其他参会人员名单

一、同济大学一流学科建设中期自评专家评审会（建筑学、城乡规划学、风景园林学）会议议程

时间：2019 年 9 月 15 日（周日）13：30-16：30

地点：同济大学建筑与城市规划学院 C 楼 2 楼 C1 会议室

主持：彭震伟 建筑与城市规划学院党委书记、教授

议程：

13：30-13：45 建筑与城市规划学院李振宇院长汇报学院一流学科建设总体进展

13：45-14：00 建筑系蔡永洁系主任汇报"同济大学建筑学一流学科建设中期进展"

14：00-14：15 城市规划系杨贵庆系主任汇报"同济大学城乡规划学一流学科建设中期进展"

14：15-14：30 景观系韩锋系主任汇报"同济大学风景园林学一流学科建设中期进展"

14：30-14：35 建筑与城市规划学院彭震伟书记小结

14：35-15：00 问答环节

15：00-16：30 专家讨论、撰写和签署评审意见书

二、校外评审专家名单（按姓氏笔画排序）

王建国　中国工程院院士，东南大学教授，全国高等学校建筑学学科专业指导委员会主任

庄惟敏　清华大学建筑学院院长、教授，国务院学位委员会建筑学学科评议组召集人，全国勘察设计大师

刘克成　西安建筑科技大学教务长、教授，国务院学位委员会城乡规划学学科评议组成员

孙一民　长江学者，华南理工大学建筑学院院长、教授，国务院学位委员会建筑学学科评议组成员

运迎霞　天津大学教师，国务院学位委员会城乡规划学学科评议组成员

杜春兰　重庆大学建筑城规学院院长、教授，国务院学位委员会风景园林学学科评议组成员

高翅　华中农业大学党委书记、教授，建筑类教指委委员、风景园林分委员会副主任委员

三、校内评审专家名单（按姓氏笔画排序）

方守恩　同济大学党委书记、教授

伍江　同济大学常务副校长、教授

郑时龄　中国科学院院士，同济大学教授

常青　中国科学院院士，同济大学教授

四、校内参会人员名单

孙立军　同济大学学科建设办公室主任、教授

彭震伟　建筑与城市规划学院党委书记、教授

李振宇　建筑与城市规划学院院长、教授

蔡永洁　建筑与城市规划学院建筑系主任、教授

杨贵庆　建筑与城市规划学院城市规划系系主任、教授

韩锋　建筑与城市规划学院景观系主任、教授

王兰　建筑与城市规划学院院长助理、学术发展部主任、教授

李翔宁　建筑与城市规划学院副院长、教授

章明　建筑与城市规划学院建筑系副系主任、教授

王一　建筑与城市规划学院建筑系副系主任、副教授

张鹏　建筑与城市规划学院建筑系副系主任、教授

耿慧志　建筑与城市规划学院城市规划系副系主任、教授

卓健　建筑与城市规划学院城市规划系副系主任、教授

金云峰　建筑与城市规划学院景观系副系主任、教授

工作人员：

叶青、刘春云、高燕、巫蕊、章琪、梁珊

上海市住建委科技委的乡村课题汇报

2019 年 9 月 19 日（星期四）

昨天下午 1：00 前往宛平南路 75 号上海市住建委科技委的办公大楼进行所承担的课题中期汇报。随行的还有同济团队王艺铮、秦添、张宇微。这个课题的名称是"大都市乡村人居环境功能重构与品质提升战略研究"，隶属于上海市住房和城乡建设管理领域"十四五"规划预研究课题。

在经过之前崇明区长兴村、青浦区淀西村实地调研之后，汇总了两个村的调研成果，并结合之前的研究积累以及对问题和趋势的研判，在此基础上，我提出了"上海国际大都市乡村人居环境演进模式示意图"，把演进过程划分为三个阶段：

（1）初始阶段，通过"农 +"，单个或选择性加合，使得农业与旅游、文化、健康、养老、教育等结合为"农、旅、文、康、养、教"六个主导类型，释放大都市的需求潜力，并形成巨大的市场和就业机会；

（2）增强阶段，通过"增强"的农，即把传统农业向现代农业发展，形成增强型农业，融汇城乡要素双向流动，形成有机关联、结构合理、活力支撑的乡村人居结构；

（3）成型阶段，亦称"高目标阶段"，其特点为城乡要素多元融合，从根本上实现传统乡村人居环境的功能转型。农业与其他产业类型耦合，形成具有各自特色的"农康、农文、农旅、农养、农教"，亦可成为"康农、文农、旅农、养农、教农"等产业类型。

乡村产业的发展是其振兴的根本，在国际大都市上海周边，可以走出完全不同的特色路径，形成多种主题村系列，例如企业村、金融村、康养村、研发村等。这种战略路径思维，可以破除当前单一让"农民上楼"的思维局限，减少不必要的资源浪费，并对乡村历史文化传承保护、乡愁的维系有积极的促进作用。

大约20分钟不到的汇报之后，专家和领导提了一些有启发的意见，但意见也不完全一致。出席的专家有管群飞、市村镇建设处的王处长，市建委综合规划处、政策研究室，还有市住建委科技委的刘千伟总工等。刘总在同济小组退席之后，送我至电梯间，又说了一些关于课题的感想，希望共同把课题做好，并提出既有战略性又可以具体操作的工作思维。

我希望同济团队所提的建议，带有更多对演进规律和趋势的研判，为市委、市政府的政策决策提供不一样的参考，走出多元路径和精准化的施策。

记录完成于 2019 年 9 月 20 日
同济绿园添秋斋

国家重点研发计划专项申报

2019 年 9 月 25 日（星期三）

　　昨夜 11 点抵黄岩，入住黄岩国际大酒店。照例又是南城街道的党工委陈虹书记开车到高铁车站来接。她的车子临时熄了火，但又很快修好，送我们一行至酒店。这次我带了肖颖禾、张宇微两名硕士研究生，一路在高铁车厢指导讨论定下了她俩的硕士学位论文方向。肖颖禾是研三的论文写作，而张宇微是将要提交研二论文开题。两人的论文方向都是与乡村振兴主题相关。

　　一路夜行，风尘仆仆。因为经历了接连多日的打拼，为完成国家科技部项目的申报文件。在 9 月初预申报书的基础上，这次是正式申报书的网上提交。同济团队的宋代军博士、王艺铮助手等通力合作，可谓是"浴血奋战"。昨日中午我破天荒因忙得无法离开工作室而叫了外卖午餐，这是几年来第一次。研究生南晶娜帮我点了还算不错的永和套餐。然后就连续从中午坚持工作到下午 4：30。其间，王丽瑶博士生又送来一杯热咖啡。她们都参与了项目申报的准备工作。这些同学都很给力！

　　得益于合作单位的支持，以及学校科研部的关心，校科研部沈玉琢老师专程指导并来电提醒，甚至连科技部农村中心的项目部都来电关心询问申请报告提交工作的进展情况。

这次国家重点研发计划"绿色宜居村镇技术创新"专项的"村镇社区空间优化与布局研究"项目，据说进入正式申报阶段有 4 家单位，接下来还有 10 月中旬的视频答辩，方能决出胜负。不过，对于这个项目，我们师生团队已经长期勤奋耕耘，并且有发自心底的兴趣甚至热爱。"村镇"+"社区"，已有了不少的学术积累。

这次组队联合申报课题的人员有来自中国科学院城市环境科学研究所的吝涛研究员、天津大学陈天教授、重庆大学韩贵锋教授和曾卫教授，以及同济大学的颜文涛教授及其团队。除此之外，另有 6 家单位作为子课题单位加入，有北京大学、南开大学、华南理工、苏州科技大学等，希望能够再努力一把，把此项工作推向前进，正式获得审批通过立项，开展一项浩大、卓越、并具有深远意义的国家科研项目，真正为中国城镇化和农业现代化"城乡双向驱动"下的村镇社区化转型空间优化与布局做出科技贡献。

今天下午在屿头乡沙滩村举行同济大学建筑与城市规划学院与黄岩共建的党建教育基地挂牌仪式。学院彭震伟书记将到同济黄岩乡村振兴学院沙滩村校区现场讲党课，另记。

记录完成于 2019 年 9 月 26 日 7：55

黄岩国际大酒店 7 楼 1712 室

建在村里的同济黄岩党建教育基地

2019 年 9 月 26 日（星期四）

　　昨天周四，下午 2：00 在屿头乡沙滩村举行了"同济·黄岩党建教育基地"揭牌仪式。同济大学建筑与城市规划学院彭震伟书记、王晓庆、唐育虹等一行师生共计 40 人左右，早上从同济大学出发，中午 11：30 抵台州高铁站。我正好结束一个上午在南城街道蔡家洋村、民建村的现场建设指导工作，率领研究生肖颖禾、张宇微去车站站台迎接，适逢在车站准备迎接同济师生的黄岩区委组织部龚维灿部长。接到后上大巴，一路西行。

　　到屿头乡沙滩村，黄岩区委陈建勋书记、徐华副书记等均已在由原来乡政府大院旧址建筑改造后的枕山酒店等候。用了午餐之后，大家又在沙滩老街同济工作室的小会议室交流了片刻，便开始在院子里举行揭牌仪式。天气也格外好，九月末的阳光明媚，微热。揭牌仪式总体上进展得很顺利，隆重、简单且深富意义。这个仪式标志着同济和黄岩校地合作走向深入，把原来基于规划设计改善环境的工作，向人才和组织振兴拓展，有效地践行了乡村振兴的战略实施。

黄岩的官方公众号"黄岩发布"对这一活动做了推送，摘录于后。

另外值得一提的是，此行看到"粮宿"适用技术改造项目终于完成。历经两年多，从最初德国包豪斯大学 Philippe Schmez 和纽伦堡工业大学的一名教授来黄岩时一起探讨的设想，希望把适用技术用于乡村公共建筑的改造，计划把已经成熟的建筑节能改造和宜居性改造技术，特别是德国在这方面的实践经验应用于此。因此，策划过程中还邀请了德国巴斯夫公司在上海的分公司崔艺曦等一行。

多支团队在艰苦的探索和坚持中终于完成了这个实践。虽然原先设想的"十项适用技术"（包括地源热泵等）最终没有全部实施，但多项技术还是落实了下来。例如屋顶防水、隔热处理，外墙内保温处理，外墙石材的涂膜（漆）防水保护处理，双层中空玻璃节能窗，地面防潮，屋顶雨水收集设置，等。室内装饰也是和适用技术做了对接，一体化考虑。总体来看，把当初"粮站"改了一字为"粮宿"，六个单元的老房子，其中五间取了"稻、麦、黍、稷、菽"，具五谷丰登之意，另一间作为开放的公共空间和会客场所。通过公共空间的楼梯抵达二楼可以连通一个小型的屋顶平台。平台摆放了两把大伞，两张铁艺的茶桌，每一张桌子可同时供6人喝茶聊天；东西远望，四面群山，层峦叠嶂，尽收眼底，青山蓝天，云淡风清，甚是惬意。

当天晚上，彭书记和龚部长、乡党委陈康书记，加上我，坐在粮宿平台上喝茶聊天，延展讨论了同济和黄岩校地合作，下一步如何拓展多学科交叉合作的工作，例如环境工程。屿头乡党办的小吴（吴佳男）专门送来泡好的茶水，据说是1992年生，人年轻，工作能力强。

此文是在飞机上匆匆而记，飞机已开始下降。

记录完成于2019年9月27日8：45
上海飞往青岛的飞机机舱内

附：党建教育基地揭牌成立仪式的新闻

今天下午，同济·黄岩党建教育基地揭牌成立

原创　区传媒集团　黄岩发布　2019-09-26

正值第二批"不忘初心、牢记使命"主题教育开展之际，今天下午，同济·黄岩党建教育基地在我区成立（图6）。区委书记陈建勋、同济大学建筑与城市规划学院党委书记彭震伟共同为教育基地揭牌。同济大学建筑与城市规划学院规划系主任杨贵庆，区领导徐华、龚维灿出席仪式。

陈建勋在致辞时说，党建基地的成立，是校地双方推动中央决策部署在黄岩展开生动实践的具体行动。要紧紧抓住这一契机，用好这一平台，致力双方资源优势互补，积极探索校地组织联建、党员互动、活动互联等有效途径，实现党

组织凝聚力、战斗力的双向提升。要致力创新党建理论研究。充分发挥同济大学在科研、人才、教学等方面的突出优势，加快形成一批高质量、有影响的研究成果，为黄岩基层党建工作提供长效的"智力支持"。要致力打造黄岩党建品牌，特别是"三化十二制"，2004 年得到了时任浙江省委书记习近平同志的肯定，15 年来我们一以贯之、持续深化。希望校地双方从理论高度和实践角度，不断提升、总结、推广，形成更多可以向全国复制推广的黄岩经验。

陈建勋指出，同济与黄岩七年同行，深耕乡村振兴领域不动摇，取得丰硕成果，这些成绩的取得，是专业专注的工匠精神、敢为人先的创新精神、不分你我的合作精神和苦干实干的铁军精神的集中体现，是初心使命的最好诠释，为黄

图 6　党建教育基地揭牌仪式上陈建勋致辞

（左起：唐育虹、王晓庆、陈建勋、彭震伟、徐华、杨贵庆。照片由黄岩区人民政府办公室提供）

岩当前开展的主题教育提供了鲜活经验，也必将为黄岩开启"千年永宁、中华橘源、模具之都"新征程、跨入"永宁江时代"提供强大的精神动力。希望双方继续不忘初心、牢记使命，为中国乡村振兴贡献更多同济智慧、黄岩素材。

彭震伟说，7年来，同济大学以规划设计推动黄岩乡村振兴实践，取得了丰硕成果。党建基地是校地双方共同建设、共同发展、并且将会共同取得成果的一个新平台，它的成立标志着双方合作更进一步更全方位。相信双方能通过这个平台，共同努力结出更多成果，对黄岩乃至全国的乡村振兴实践以及理论的升华推广产生更大的作用，为我们国家的乡村振兴战略作出应有的贡献。

同济·黄岩党建教育基地位于黄岩乡村振兴学院北校区，基地的成立是黄岩与同济大学在原有合作基础上的深化和拓展（图7）。同济大学和黄岩战略合作已逾七年，在双方共同努力下，取得了一系列丰硕成果。共同建立了"黄岩美丽乡村规划建设专家智库""同济大学美丽乡村规划教学实践基地"和"中德乡村规划联合研究中心"；合力推动了屿头沙滩村、北洋潮济村等历史文化村落的保护工作，沙滩村被评为中国当代村庄发展浙江样本，成为首届联合国人居大会发布案例；提炼的乡村振兴"工作十法"登上了新华社《财经周刊》封面；创办的乡村振兴学院，考察和培训人员实现了各省市区全覆盖，影响力辐射全国乃至全球。

图 7　党建教育基地揭牌仪式合影

（照片由黄岩区人民政府办公室提供）

革命老区山水临朐

2019 年 9 月 28 日（星期六）

昨夜住在潍坊市临朐县城的"沂山茅舍"宾馆 205 房间。20 多年之前我来此住宿的时候，这里是作为县政府招待所的临朐宾馆。今天一大早 5：30 就起床了，等到了 6：10，临朐县政府规划编制研究中心的林绍海主任前来陪同早餐，和我的助手王艺铮规划师、王丽瑶博士生一起，早餐之后匆匆赶往临朐县以北的青州市火车站。这是一趟从青州市站至北京南站 G176 的高铁，7：37 发车，前往北京参加"乡村振兴 2035 战略研究重大咨询研究的成果汇报会"。

于是，坐在高速向北京行进的高铁车厢内，记下这一页的文字。

昨天一整天在县委常委会议室召开讨论会，上午汇报了临朐县风貌规划和整体城市设计，由上海同济规划设计研究院规划所郑国栋汇报。之前我和同济规划院王颖副院长已做过多次指导，并凝练了"沂山临城，粟风朐水，骈驰文武，邑古弥新"的总体风貌特色。上午的会议到 12：40 才结束，与会者进行了充分的讨论，会议由王锡利副县长主持，县委书记杜建华、县长田元君等四套班子负责人悉数参会。

下午2：30继续，由我负责汇报海岳新区概念规划方案。同济规划院的吴晓雪汇报卢家庄的乡村振兴规划方案。我又把寨子崮村的初步方案进行了介绍（之前这样的场面上已经汇报过一次），从中提出了在理论层面、总体思维和实施路径层面的要点。

下午5：00结束会议。本抱着还要去寨子崮村实地看一下的想法，但是接下来晚上6：00还要参加由杜建华书记出席的晚宴，所以作罢，先回房间休息，只能期待下次再去寨子崮村了。

临朐县属于革命老区，虽然山水风貌独特，但其社会经济发展仍处于一个相对落后的阶段。如果以人均GDP的指标来衡量，2018年GDP总量305.51亿元，人口数92.55万，人均33 010元，如果用1：7美元汇率计，人均约4715美元，即还不到人均5000美元。上海2018年人均GDP是134 982元，约合19 283美元/人，接近2万美元/人。可见，临朐和上海之间的GDP差好几个台阶。因此，城市建设的阶段不同，采用的规划对策和设计方法也应该有所不同。一些先进的理念还无法被理解并接受，这对于规划师来说是一种痛苦，但也是一种历练，更是一种挑战。

回想2005年前后，我也曾在临朐县做规划，曾极力建议保留临朐焦化厂的几个大型储气罐设施，想着通过设计改造将其转型为独具特色的文化活动中心功能的场所。因为当时临朐的这个县城焦化厂，是全山东省县级层面的第一家，完全可以作为一处"近代工业遗产"的更新利用，保留这一段城市历史并赋予它时代的内涵，应该是一种很好的创新。

然而，14年之前的这种"超前"的想法，对当地大多数领导和老百姓来说是一种不可思议的、难以接受的事情。结果是这个焦化厂储气罐设施一夜之间被夷为平地，在上面建了现在的小区楼盘和草坪绿地。这个现处于城市中心、本应作为城市客厅的公共开放性场地，被一处由围墙环绕的中高档居住小区所占据，未能体现城市中心的场所效应，失去了一个很好的得分点。虽然现在的小区从景观上也还看得过去，但城市历史的发展过程被轻易抹除，失去了让城市具有记忆、具有特色、具有自豪感的珍贵要素。如今，十多年过去，临朐有不少人反思这个事情，也觉得十分惋惜，有的说悔不当初应该听进杨老师的建言。但悔之已晚了。

昨天会上讨论的拆除城区内废弃火车铁轨的事情，又让我联想到10多年前的焦化厂储气罐一事，历史惊人的相似。好像历史的教训并没有引起重视，但历史发展往往通过不同的物态呈现，让人迷惑，本质上还是对历史传承的认知度不够，对创造转化、对创新发展的认知和高度不够。虽然铁轨线路的材料本身已无多大价值，但铁轨空间廊道完全可以转化为生态绿廊，把"铁道"变成"绿道"，把过去的"货运铁道"变成明天的"生态廊道"，为何不可呢？而且，铁轨路基的梯形坡地，可以转化成儿童滑梯玩耍的空间，在路基上可以建休息廊亭，结合附近的住宅区，布置邻里中心等公共设施和小公园。今后等经济发展条件上去了，各方面条件成熟之后，还可以把北面青州市和临朐县用地面轨道交通连接，每15分钟发一趟公交，由此华丽转身为城际公共交通廊道了。

从临朐县当下人居GDP不到5000美元，处于解决温饱迈向小康时代，赶上目前的全国人均1万美元，"建成小康社会"，再迈向2万美元/人，可以谓之"品质提升"阶段，等到了3万美元/人，可以谓之"城乡差别明显减少"或称"城乡共享显现"阶段；再到5万美元/人就可以称之为"城乡无差别，全面现代化"阶段；到了6万~7万美元/人就应该是"高质量生活"阶段了吧？韩国现在是人均GDP达3万美元，日本已达5万美元/人。相比之下，临朐还有很多阶段要走。因此，规划师还需要足够的耐心、受挫力和韧力。

从上海和韩国首尔的比较来看，当人均GDP达到2万美元的阶段，地方政府开始注重城市公共环境的品质，城市微更新将开始并全面推广。届时，人民生活水平提高之后，社区意识必定会觉醒。城市、城乡的发展阶段和时机，与经济发展阶段应该存在一个共性的规律。当然，各国的社会制度和经济体制不同，对此还需深入思考经济发展、社会发展与文化、治理作用之间的相互促进机制。

记录完成于2019年9月29日10：01
从青州至北京的高铁上

51

参加中国工程院课题汇报交流

2019 年 9 月 29 日（星期日）

今晨坐高铁从山东省青州市站出发，风尘仆仆赶到北京，参加"乡村振兴2035战略研究重大咨询研究项目成果汇报会"。会议一共有五个课题组加两个综合组汇报，分上午、下午召开。我参与的是中国工程院肖绪文院士负责的课题四"新型乡村建设战略与推进策略研究"课题组，计划下午1：00开始汇报。

得益于高铁的快速，中午11：10就到了北京南站。肖院士派他自己的司机专程到高铁站接，我甚为之感动。下了高铁之后，无缝衔接，就径直坐车到了中国工程院大楼。适逢上午半场会议结束，在会议室外面先看到了宋代军博士、何江夏博士生，还有刘星博士。刘博士是肖院士团队的院士秘书。恰好肖院士也从会议室走了出来，看到我之后，他满面笑容地伸出手来，亲切地说："感动！"我想，这是他对我亲自率队一大早坐高铁到北京开会的责任心的一种肯定吧。

匆匆在中国工程院317自助餐厅用餐之后，肖院士邀请我到院士休息室稍作休息。一开始我觉得不是太妥，毕竟是院士休息室，身份不一样，所以婉言谢辞。但肖院士知我路途奔波辛苦，执意邀我同去。我便跟随他坐电梯到 4 楼，院士休息室专区 404 房间。房间按照宾馆标准间布置，两张单人床。房间虽不太，但干净明亮。肖院士斜躺在靠窗边的床上，聊了几句关于课题的情况，之后分别睡去。我恍惚间小睡了 15 分钟左右，12：45 被肖院士手机闹铃提醒。于是两人便离开休息房间，又边说边走到下午开会的 218 会议室。因午间的小憩，我顿感精神振作，心里感激肖院士的关心照顾，特别记述这一段。今后以肖院士为榜样，以我既有的能力，把这种对年轻人的关怀精神传递下去。

下午我们课题四是第一个上会。孙鹏程代表课题组作了 30 分钟 PPT 汇报，他是中建股份有限公司技术中心助理主任，高级工程师。基于这些天团队的合作，PPT 做得简洁、清晰、明确，汇报效果还不错。宋代军博士带领何江夏博士生 4 天前就赶到了北京一起工作，从 9 月 26、27、28 日应该是集中工作了三整天，成效还是明显的。

课题四参会的除了肖院士、我、宋代军、何江夏、孙鹏程之外，还有中建八局（中国建筑第八工程院有限公司）副院长葛杰高级工程师，杨晓冬博士，中建股份有限公司技术中心吴文伶博士、刘星博士，上海市住房建设管理委员会科技委办公室李闯主任，上海市住建委科技委规划研究部副主任程凝，同济大学规划系陈晨副教授也来参会，另有工作室王艺铮助手、王丽瑶博士生。会后大家还在工程院底层大厅合影留念（图 8）。

图8 课题组部分成员在中国工程院底层大厅内的合影
（左起：王艺铮、刘星、程凝、李闯、肖绪文、杨贵庆、陈晨、宋代军、何江夏、王丽瑶。
照片由王艺铮提供）

就在孙鹏程30分钟PPT汇报之后，肖院士点名邀请我补充一下，于是我补充了三点：

（1）课题四的三个专题之间，具有清晰的逻辑关系。以乡村人居建成环境的规划建造为对象，从"绿色规划设计"到"绿色建造施工"到"能源高效利用和新能源开发"，形成了一个整体。

（2）分类指导的重要性。自然资源部关于国土空间规划体系中对村庄规划提出了四大分类："集聚提升类，城郊融合类，特色保护类，搬迁撤并类"，绿色规划设计、建造施工和能源利用，需要更加精准化的分类指导，并通过"双创"（创造性转化、创新性发展）来实现乡村振兴目标。

（3）应充分认识到各地区经济社会发展的特定阶段。必须考虑到经济社会发展的区域差别，生活水平的地区差异，渐进发展。不同地区对绿色规划设计、建造施工和能源高效利用的认可和接受程度是不同的。乡村振兴的路径，2020 年、2035 年、2050 年，在不同阶段应该有不同的措施。

根据一个时期以来学习思考的认识，我深深感到：我国乡村振兴的进展成效喜人，但挑战依然严峻，政策仍需强劲，认识亟待提升，分类急需精准。

随着下午汇报会和讨论的深化，不断可以听到不同的观点，有些还很有启发。中国工程院副院长邓秀新院士又返回会议室主持会议。会上的发言有不同学科不同视角，无疑对"乡村振兴"国情现状和未来发展的全面认识很有裨益。

记录完成于当天 15：18
中国工程院 218 会议室

规划系退休教师的重阳节聚餐

2019 年 10 月 8 日（星期二）

　　昨天深夜 11：00 入住黄岩国际大酒店（简称黄岩国大），仍然是坐高铁 G7535 这一趟。随行带了硕士研究生三年级文君同学，为的是参加今、明两天在屿头乡沙滩村与柏林工大 Hannes 等一行的课题研讨。今晨起来，距早餐还有 15 分钟，于是，把昨天中午同济规划系退休教师敬老节的聚餐活动记录一下。

　　原定 10 月 7 日重阳节的聚餐，因国庆长假的原因推迟了一天，在 10 月 8 日也就是节后的第一个上班日举行。照例是邀请了规划系所有退休教师，能来的都来了，在学院边上的三好坞餐厅，摆了两桌，是系办周翠琴和赵贵林老师联系落实的。系班子成员，我和两位副系主任耿慧志、卓健都来了，并邀请了学院彭震伟书记、李振宇院长前来致辞。由于是和建筑系退休教师的聚餐活动时间相同，所以三好坞餐厅的二楼大厅内好几桌都是建筑系的退休教师。规划系的聚餐就改在了三楼包间里两桌，这比闹轰轰的二楼大厅要清净了许多。

　　我、耿、卓陪同一桌，另一桌由彭书记一人陪同。董鉴泓先生、宗林、何林、朱锡金、王仲谷等多位老先生在彭书记一桌，我这边一桌有陶松龄先生、陈秉钊先生，还有赵民、李京生、夏南凯等老师，好不热闹。

大家纷纷讨论着国庆阅兵和长假的活动，更主要的是从专业的视角看时代的变化。陶松龄先生总结了关键词"新"，说到了新退休的李京生、宋小冬等老师，同时李京生老师在浙江的哪个山间和山西等地进行的乡村建设活动之"新"，真可谓退而不休，又开拓了新的一番事业。年长的老师遇我一般都要说到近年来黄岩的乡村实践，主要是因为央视"教授下乡"的播放，变得影响力度非常大且广。

中午的欢聚到1：20就结束了，是因为下午1：30还有学院教师党支部的学习讨论。离开前大家一起合影留念（图9）。老先生们陆续离场离校。天气正值寒露日，虽有些凉意，但仍然秋风惬意，不紧不慢。落叶季尚早，枝头校园仍是绿意一片。静谧的时光在静静地流淌，有时霎那间有凝固定格的感觉。然而，放在一个生命的纵轴上，我知道，时光真是太快了！快得使昨日还是芳华俊气的这些老师，今天已成了银发满头、步履蹒跚的老者。反思我自己，亦不是如此吗？

席间陶松龄先生谈到几个要思考的问题：如何让我们培养的学生走出校门手上有竞争的强项？如何在社会职业中有自己的一席之地？"要做有特长的博学者"，他说："博士生学习博而广，但要有专长特长。"他问我如何认识这一问题。我回答了自己的理解，其实这也是一直以来同济规划专

图 9　规划系部分退休教师重阳节聚餐活动合影

（前排座位右起：陈亦清、宗林、朱锡金、董鉴泓、陶松龄、何林、黄承元、周翠琴。后排站立左起：赵民、彭震伟、吴德馀、耿慧志、陈秉钊、李京生、王仲谷、周秀堂、赵贵林、吕慧珍、卓健、郑正、褚佐宜、杨贵庆。照片由规划系办公室提供）

业的坚守：培养对空间问题的敏锐性，并有能力干预，提出改善的对策。卓越的人居环境空间规划设计能力，始终是我们专业的核心竞争力。虽不可能"包打天下"，但可以起到独特的作用，并有时也可以起到引领作用。

记录完成于 2019 年 10 月 9 日 7：43

黄岩国际大酒店 1611 房

黄岩乡村的渐变

2019 年 10 月 10 日（星期四）

昨天晚上宿于黄岩区屿头乡沙滩村工作室二楼的宿舍。今早 7：40 起床，到沙滩老街走走，并沿路走到由乡公所改造而来的乡府酒店"枕山酒店"早餐。晨曦伴着清风，温柔满怀，感悟到树叶声中的时光流淌，在一片山林的环抱中，感受这个独特的小山村的魅力。

上午在屿头乡沙滩村"同济·黄岩乡村振兴学院"大会堂底下的会议室交流，延续着昨天下午的议题。中德课题的进展各课题组分别向前推进，但也有不少困难，德方柏林工大的 Hannes、高晓雪一行先讨论了双方合作备忘录（MoU）的具体结构。10：00–11：00 的一个小时是专门留给宁溪镇的设计方案讨论。宁溪镇党委胡鸥书记率王华主任一行来到沙滩村，讨论乌岩古村上面的半山村的规划建设构思。来自松阳的一家民宿策划经营公司汇报了方案。我谈到了关于这个近乎衰败废弃的村庄的未来设想，并把项目定名为"半山半水泮云间"，把半山村转化成为黄岩的"名家村"，也是一种传统村落创造性转化利用的方式吧。

从下午 2：00 开始，中德联合课题组坐中巴出发，到宁溪镇乌岩古村、直街村、高桥街道的瓦瓷窑村、南城街道的蔡家洋村和贡橘园参观考察，由于黄岩区地方政府高度重视，区农村局张良法副局长考虑得也很周到。体现出对国际友人的尊重，沿线的接待工作井然有序。让人惊讶的是高桥街道毕主任对此次中德专家的考察活动非常用心，组织相关部门连夜把一处要拆的老围墙拆除，使得原先规划设计的"樱花道"的空间轴线打开了，顿时让人感到非常振奋。高桥街道新来的选调生林佳云负责讲解瓦瓷窑村的建设情况。瓦瓷窑村不少村民都围在边上，十分热闹。

通过同济—黄岩校地合作一年多的艰苦努力，"点穴启动"、"文化定桩"，高桥街道瓦瓷窑村的文化活动中心，包括老戏台改造、活动广场等展现出很好的效果。村庄核心公共空间环境的营造，将为下一步村民凝心聚力提供更多机会。参观考察快结束的时候，中德专家师生和乡镇村干部一起在有"瓦瓷窑村"字样的大型墙画前拍了合影。后来晚饭时间毕主任把合影照片发到了微信工作群里（图10）。合影照片拍得非常好，作为乡村振兴的一个足迹，记录了这个小村一年多来变化的欣喜，应该是一个很好的时空注脚吧。

记录完成于当天 22：02

高铁 G7528 返沪途中

图 10 中德专家一行考察黄岩区高桥街道瓦瓷窑村合影

（照片由黄岩区高桥街道提供）

"神仙"论道
——中国城市规划学会年会学习点滴

2019 年 10 月 19 日（星期六）

    18 日周五下午，我和团队的宋代军、王艺铮、王丽瑶博士生一起去浦东张江高科技园区的视频答辩室看了现场情况，又试练了 15 分钟汇报材料，然后匆匆赶往浦东机场 T1 航站楼，乘坐 MU5431 航班赶往重庆。到达重庆机场已经是晚上10：30，再打的到悦来温德姆酒店住下，已是子夜时分。在入住登记的酒店大堂，恰逢自然资源部庄少勤总规划师一行到达，还遇到了北京大学的冯长春教授、汪芳教授，还有稍后抵达的中山大学袁媛教授。

    10 月 19 日上午、下午一天大会，晚上陈秉钊先生的弟子们约了餐叙，邀请导师一起参加，大家一起合影留念（图11）。晚上 10：00，我又接到邀请去市中心参加大学本科 84级城市规划专业校友的聚会，有张尚武（上海）、任颐（江苏无锡）、任洁（云南昆明）、王新宁（新疆乌鲁木齐）、李秋实（北京）、靳东晓（北京）等。这次来参会的本科校友不多，白天会间召集起来合了影（图12）。高中岗、俞娟

图 11　陈秉钊先生与弟子们合影

（前排左起：彭震伟、陈秉钊、宋小冬、杨贵庆；后排左起：罗志刚、黄淑娟、桑东升、宋军、苏海龙、王世福，等。照片由杨贵庆提供）

图 12　参会的同济大学 84 级城规部分校友合影

（左起：杨贵庆、高中岗、任颐、靳东晓、张尚武、任洁、俞娟。照片由杨贵庆提供）

两位因晚上有事未参会。

今天上午大会上，来自自然资源部、住房与城乡建设部的两位副部长分别致辞并谈了各自的观点，关注城乡规划发展如何面向新时代。今天上午新华社快速刊发了新闻报道，题为"两部委负责人：'以人民为中心'提高城市人居环境质量"。

开幕式上的致辞，来自两个部的副部长谈得比较细，远远超出了大会给定的时间，以致主持人干脆取消了原来设定的20分钟的休息。一位副部长在发言中提到要学习新加坡的治理模式。也有不同意见认为，新加坡这个城市国家的国情（规模、经济发展阶段等）与中国国情有很大不同。中国的情况要复杂得多，两者无法相比照。另一位副部长谈到了国土空间规划编制，原则方针都是按自上而下总体一以贯之，也是作为一个部委领导应当说的话吧。让人印象最深刻、最入耳的是当他说到"多规合一重要的是'一'"！这让人遐想，当前在行政层面仍然有难以统一的地方。"一"如何实现？"多"又如何统一于"一"？技术层面的"多与一"和行政管理层面的"多"而不"一"，又如何面对？让人感到现实的挑战仍然巨大。这也让人猜想当前面对着许多过去体制、机制上的问题、矛盾和利益冲突。

两位部领导的致辞讲话，自然是有明显不同的站位。中国城市规划学会的角色，因为自然资源部的成立和城乡规划的未来归属问题，变得微妙和矛盾，目前正处于一个特殊时期。这也许就是为什么一个学会的年会同时安排两个部领导致辞的原因吧。我感到，作为行政管理者，应以国家民生为大，不应以部门利益为先吧。为官者的政治站位和民生站位应当非常高，否则将贻误发展的机会，更重要的是浪费太多的民生资源。

自资部总规划师的发言仍是过去一贯的气宇轩昂。他借用了梁鹤年先生说到的"时、空、人、事"的观点。看得出，他在努力建构一整套关于我国国土空间规划的理论认知，并拓展开历史的广度、上升到哲学的高度。他的学识涵养很高，表述也非常有逻辑。也有不同的意见认为，这种重起炉灶的做法，或许将撇开了既有的、长期积累起来的城乡规划行业和学科成就，回避了传承和利用。虽然这种建构非常用心且辛苦，但也许并不巧用，甚至还难以处理好当前的重重矛盾。但一般的学者无法像他那样面对当前全国庞大复杂的矛盾和困境来综合看问题、作判断的吧。

写到这里，便让我想到下午大会主旨发言吴志强院士的一节。吴院士把上次在湖南大学教指委年会上的发言精髓又在此作了更为全面系统的阐述，站位和跨度都是一流的，理论的思考更加缜密了。他作为规划人，热爱规划事业，浴血奋战，在当今关键时期，提出了从城市出发，上拓到"国域"，下落到"村"的五个层次构架之说，并拓展为国土空间规划的工作范畴，这样，就消除了"城乡规划"和"国土空间规划"的对立性，而把两者作为一个整体来看。"城乡规划"作为建立现代化中国的国土空间整体框架的急先锋，从"点"拓展到面，到国家，再到国际全球。这一系统不仅肯定了过去，拯救了当下城乡规划恣遭国土空间规划之灭的困境，又为城乡规划的新拓展带来了机会。

因此，作为同济规划系的系主任，我的思考和主张应当随之跟上，并融入到学科建设、人才培养的理念中。昨天上午大会的阶段，我与清华大学规划系主任武廷海教授邻座，从早餐见面开始，到中午结束，一直在交流。两人商定了下半年学期结束之前，我再率同济教学管理团队到清华访问一事。也许就在 12 月中旬左右吧，到时候把我们两人对城乡规划学科发展的共同主张再推向前进。

记录完成于 2019 年 10 月 20 日 15：05

重庆悦来温德姆酒店 737 房

年会学术对话

2019 年 10 月 21 日（星期一）

　　昨天上午在重庆悦来国际会议中心一层报告厅，召开了中国城市规划学会年会的"学术对话十九"。该学术对话活动是由学会山地城乡规划学术委员会主办的。主题是"山地文化与生态的空间解读"。主持人（学术召集人）是重庆大学李和平教授，主席是重庆大学的赵万民教授。特邀嘉宾包括清华大学的毛其智教授，邱建、袁牧、柳肃、张孝成、何波、朱炜宏以及我。名单上有赵燕菁，但不知因何故没有出现。会议开得比较认真，各嘉宾轮序发言，夹以听众提问，一直开到中午 12：25 结束，部分嘉宾合了影（图 13）。

　　在会议中间，杨建辉闻讯来看望我。他曾是我的硕士研究生，毕业后到山东省城乡规划设计研究院工作至今。云南省规划院的郝晶从一开始就在会场参会，她也是已毕业的我的硕士研究生，在会场帮助拍照并在师门微信群里发送。这让我感到导师与研究生的师生关系确实是一种无私的大爱，醇酒一般，历经岁月，愈渐甘甜。

　　会上我作了学术对话的主题发言，围绕"山地乡村文化

图 13　年会学术对话嘉宾合影

（照片由杨贵庆提供）

的空间解读"，谈了 4 个方面的观点，记录如下：

1. 山地乡村人居文化的要素是丰富的，并且直接或间接地反映在空间特质上，凝聚成为乡土风貌特色。换言之，山地文化与空间特质具有对应性、一致性，难以分隔。文化需要空间表达，而有品质的空间本身就具有文化性。具体反映在许多方面，如乡土文化信仰场所，特别是崇尚善、孝、敬、礼的内涵，在主体街巷空间，点、线、面关系、比如戏台、亭、台、楼、桥等许多要素，物质与非物质的叠合与承载。

2. 文化要素的体现是多元的、多年代的，因而空间特质也是多元的、多样的，多元文化可以协调共存。所以不能一刀切，多样性是有价值的，是可以共存的。在 2019 年 1 月中央农办、农村农业部等多部委发布的关于"村庄规划编制"

的文件中，还特别提到"以多样化为美"。多样化是一个非常重要的原则，必须突出坚持。我国地域广阔，自然地理和人文特点多样，村庄物质空间多样性及其所反映的文化多样性互相支撑，体现出地方特点、文化特色和时代特征。因此，一定要保留、保护、传承各自的民居风貌、农业景观、乡土文化，杜绝一个标准、一种模式地照搬照抄，防止"千村一面"。

3.山地乡村人居文化及其空间承载形态，需要通过"双创"（创造性转化、创新性发展）来实现保护、利用、传承、发展。不能修旧如旧（文物除外）。既不能静止地、僵化地对待山地乡村历史文化遗产，把文化当作"文物式"地保护而不加以利用，也不能不加分析地予以全部拆除然后再生"假古董"。双创是一种"扬弃"的过程，体现了辩证唯物主义的历史观。

4.文化的"空间转译"，是实践"两山理论"的重要途径。习近平总书记说"绿水青山就是金山银山"，这其中的"就是"，不是"必然""必定"，而是"充分必要条件"。正如化学方程式的催化剂。而"文化"就是一种重要的催化剂。

此外，山地乡村，其功能已经从纯粹的生产功能，开始转向兼具消费功能。因此，其文化的独特性是促进城乡要素双向流动的重要资本、资源、资产，必须要保护好、传承好、创新好。

记录完成于 2019 年 10 月 22 日 15：00
同济联合广场添秋季工作室

事与愿违

2019 年 10 月 22 日（星期二）

10 月 21 日周一晚上，重庆市开完规划年会的学术对话之后，我又匆匆赶回上海，准备参加次日的科技部村镇社区重点专项的申报。同一航班有天津大学陈天教授、重庆大学的韩贵峰教授。

傍晚飞机抵达浦东机场，我的助手王艺铮等已安排好了一辆商务车，直接到张江的亚朵酒店住下。大家一同出去吃了晚餐，又返回酒店的底层开放式会议室集中进行讨论，特别是对评委反馈的几个问题做回答准备。团队一直工作到子夜零点，留下宋代军、王艺铮和王丽瑶博士生三人，其他人回房间休息。从第二天早上我收到的微信看，他们工作到将近凌晨一点，把汇报 PPT 和回答的问题均作了一一排版。

答辩这天的一大早，我便起床了，一看才 5：30 不到。其实我一整夜并没有睡安稳，大家的重托在肩，十家单位，229 人的大团队，由我一个人主要陈述 15 分钟。之前我已经排练了十多遍。早上起来，洗漱了一下，我又认真排练了两遍，这才心里踏实下来。

快七点时下楼，与早已在楼下的宋代军、王艺铮碰头，匆匆吃了早餐，7：15 三人就出发步行前往"上海第二视频答辩室"。大约 15 分钟步行路程，穿过一片张江科技园区的几个街坊，到达生态农业科技园区内的一个会议室。

　　抵达后，大家忙着拷贝、调试。我就站在发言讲台前练习。由于上周五我已来过一趟，对现场比较熟悉，但心里仍有压力。7：45，王丽瑶博士生陪同陈天、颜文涛、韩贵峰、齐涛 4 个拟定课题负责人到达了答辩室，大家分别入座。齐涛、韩贵峰和我三人在视频答辩时对着镜头。由于人数所限，其他两人只能委屈一下未能出镜，但大家都没有什么意见，秩序非常好，气氛也很好，一切都很安静。

　　8：20，所有的准备工作都落实停当，只等时间一分一分前往 8：45 正式开始的这个点。于是，我独自走出房间，到前厅外的檐口下安静一下。

　　十月的上海，秋高气爽，阳光和蓝天一片暖融，我深呼吸。负责视频答辩室的一名工作人员也恰巧走出来碰上，她大约 50 岁不到。见我正在做深呼吸，她让我不要紧张，说是之前碰到的答辩人不如我熟练，因为她看过我上周五的试练吧。我开始缓和下来，调节了内心的节奏。又过了 10 分钟左右，我返回答辩室。屋内鸦雀无声，过于安静，大战之前严肃的氛围。终于到 8：44，北京视频控制中心发来信号，确认姓名后我开始答辩汇报。此时在时间牌上顿时显出了"45：00"的倒计时。

我开始陈述。之前做了十多次排练，这次非常熟练。15分钟几乎是一气呵成。其间王丽瑶博士生按之前的约定到剩余5分钟时举牌提示，但我内心十分从容。到余下时间还剩3分钟时，北京视频控制中心一个低沉男声提醒了一下，但仍然没有打乱我的陈述节奏，完成汇报的时候，刚好把15分钟用完。

　　接下来是30分钟的专家提问。最后一个问题是：涉及哪5项关键技术？我还没有来得及迟疑，只见齐涛教授迅速把申报书递过来翻到了那一页，是一次很好的助攻。总体上说，整个PPT汇报和回答问题我自己觉得"堪称完美"。我充满信心。

　　结束之后，大家一片鼓励声。齐涛说我对没有准备过的问题的回答比有准备过的更加精彩，陈天教授说这是因为有二十多年来的专业积累才能如此稳稳把控。总之，大家非常认可我的答辩陈述和问题回答，一起欢欣鼓舞。由于韩贵峰老师订了中午机票要返回重庆，所以大家一一作别。临别的时候，看得出大家信心满怀，非常期待有好的结果。可以说，如果这个项目获得通过让我们组成的团队来负责，大家也不觉得惊讶，因为团队的综合实力比较强。

　　然而，事与愿违。

　　两天之后的10月24日周四下午，当我还在山东临朐县卢家庄村庄内现场调研的时候，同济大学科技管理办公室的沈玉琢老师发来微信，说是未通过，微信说："很遗憾！系

图 14　课题申报人员合影留念

（左起：王艺铮、宋代军、峇涛、韩贵峰、杨贵庆、陈天、颜文涛、王小勇、王丽瑶、刘君男。照片由杨贵庆提供）

统反馈：您牵头申请的项目未能通过视频答辩评审。"当我把这个消息告诉几名参加答辩的团队成员时，大家都认为十分遗憾，十分可惜，不知道究竟失利在何处。

这次申报过程、答辩过程，应该是一次非常有意义的经历。学生们获得了锻炼、学习，团队专家们建立了友谊，了解了彼此研究的重点，为今后的合作打好了基础。

为了纪念这次的合作，在视频答辩结束的时候，所有参加人员在"上海第二次视频答辩室"大牌子背景墙前面集体合照留念（图 14）。就当作人生专业旅途中的一次经历和历练吧。

唯有不断向前行走，才能知道是荆棘还是惊喜。相信只要努力，惊喜总会出现的！

记录完成于 2019 年 10 月 28 日 19：25

同济联合广场添秋季工作室

助力潍坊市临朐县乡村振兴

2019 年 10 月 23 日（星期三）

10 月 22 日夜赶到青岛流亭机场，同博士生王丽瑶、硕士生张宇微一行三人，临朐县自然资源规划局赵立峰副局长驱车到机场接站，一起去临朐。已经好多次了，每次赶到临朐县城安顿住下一般都快接近凌晨 1：00 了。从青岛机场到临朐县城，走济青高速一般需 2.5 小时，晚上还比较顺。但对于地方接站的领导和开车司机来说，往返很是辛苦。其实这样夜行，于我自己和团队，也应该是比较累的。但只有夜行，白天的时间才可以利用得充分一些。

第二天 10 月 23 日，起床后，又开始满满一天的行程。先是去寨子崮村踏勘了一下，对一个月前我交待给村里的"作业"进行了检查，并详细询问了一些事项。看到上个月还在的几处房屋和屋边的大树，由于洪灾之后的重建，村民自建新屋就把屋后原来种得挺大的楸树都砍杀了（当地砍树又叫杀树）。看到十多棵胸径都在 20 公分以上的树杆被截成一段一段，我十分心疼。但苦于村民对"村"的集体意识观念淡薄，对自家居住空间扩大的需求，本来有机生态的绿化环境不断被蚕食。后来我与村支书赵传健达成一致，如果村民要砍自家树，我可以出钱买下，一般大约100~200元一棵胸径20公分的树。这个建议引起了他的重视。我还掏出钱包取出了500元现金作预定，他不好意思地笑着拒绝了。但我想他应该是想出了一个与村民讨论并挽救大树的方法，这样应该可以保全一些大树了吧。

中午我在金城大酒店的房间稍作了休息，下午2：30迎来了从潍坊市专程赶来的孙守勤局长。他原来是潍坊市规划局局长，机构合并之后，他一度作为新成立的自然资源规划局党委委员，现被任命为挂牌在自规局的潍坊市林业局局长，分工负责规划这一块工作。如今正好全国国土空间规划工作热火朝天开展，据说潍坊也邀请了北京大学林坚教授领衔了，还邀请了中国城市规划设计研究院的王凯院长作为专家顾问。孙局也诚邀我担任规划专家顾问。我一下午向孙局仔细深入地介绍了隶属于临朐县城关街道的寨子崮村及辛寨镇的卢家庄子村这两个规划，它们正由同济规划院编制。其中寨子崮村我正全面负责，而卢家庄子是和同济院一所的王颖老师一起负责落实。

孙局饶有兴致地考察了寨子崮村。在刚要离开村庄的时刻，城关街道党工委书记白文玉开完会匆匆赶来，于是大家一起合影（图15）。此行的一群人大多数都在照片中了。作为参与临朐县乡村振兴阶段过程中的记录，此合影作为今后展览的资料一定会有意义的吧。

图 15 临朐县寨子崮村考察人员合影留念

（左五：孙守勤；左六：杨贵庆；左七：林绍海。照片由杨贵庆提供）

此行，孙局对寨子崮村的现状格局特点比较认可，并希望能打造出一个别具特色的乡村振兴品牌村庄。在考察了卢家庄子后，孙局也专门对如何规划建设提出了专业上的建议。我想，他毕竟是规划出身，做了十多年的潍坊市规划院的院长和规划局局长，对规划十分在行，也有感情。

一个下午十分紧凑地考察完了两个村，大家体力上有些累了，但仍然兴致勃勃，展望今后的规划发展，并深入交换了关于国土空间规划方面的认识。当我谈完对当前国土空间规划方面的总体认识之后，孙局当场表示，希望我能争取领衔临朐县的国土空间规划工作，像当年探索创新潍坊市远景规划那样，为潍坊市在县、市域层面上的规划编制提出一套较为完整的构想和成果。孙局并表示了希望能够邀请吴志强院士担任潍坊市国土空间规划首席顾问的想法，并希望我能协调联系。我想，孙局对高水平规划编制好潍坊市国土空间规划工作充满了一番工作热情和责任心，对此我应该给予大力支持。

记录完成于 2019 年 11 月 11 日 15：35

同济联合广场添秋季工作室

中法双学位研究生开题报告答辩会

2019 年 10 月 28 日（星期一）

　　下午规划系干靓老师组织了今年中法硕士双学位的法方研究生论文开题答辩会，从下午 1：30-4：00。这场主要是法国斯特拉斯堡大学（简称"斯堡"）的 6 名硕士研究生开题答辩。斯堡负责该项目的法方教授 Andreea BIRZU 一起参加。

　　今年我也带了一名法方研究生，是上述 6 名中的一名。中方参加评审的老师除我之外，还有卓健、杨辰、李晴、干靓老师。学生的选题主要在规划和建成空间的范畴，也有深入研究空间表象下的社会人群活动规律。我带的这名双学位硕士研究生叫 Maryse CHEVALIER（取了中文名字叫玛莉）。之前经过几次讨论，她打算研究大都市周边的乡村在要素流动、创新型社区功能转型的背景下如何营造，主要以上海浦东新区的乡村案例为调研对象。学生开题中也有关于城市机动性研究、步行城市适应环境研究，里弄住宅空间的保护和发展研究。

　　3 年前，我也指导过一名德国魏玛包毫斯大学双学位硕士研究生，研究的主要内容是上海大都市边缘区社区公共设施的规划研究。总体来看，德方的学生素质还是可以的，但目前碰到这样一名法国研究生，在专业认识交流上有些挑战，虽然之前和她已经交流讨论过好多次，但她对研究问题还需进一步凝练聚焦。

下午4：10答辩会结束，评审会通过了学生的开题。评审老师与学生一起合影（图16），卓健老师有事先离开，没有在其中。

记录完成于 2019 年 11 月 11 日 17：50
同济联合广场添秋季工作室

图 16　国际双学位研究生开题答辩合影
（左一：李晴；左五：Andreea BIRZU；右五：杨贵庆；右一：杨辰；右三：干靓。照片由规划系办公室提供）

"同济大学高等讲堂"李晓江
教授讲座

2019 年 10 月 29 日（星期二）

　　由学校组织的"同济大学高等讲堂"这次邀请了李晓江先生作专题讲座。前几天学校通过教务科通知我作开场致辞，由干靓老师负责具体联络此事。

　　傍晚时分，我在学校学苑教工食堂简单用餐。因为担心迟到误事，所以早早地赶赴逸夫楼底层报告厅。没想到还未到达的时候，就接到了干靓的电话，问我在哪儿，说是李晓江先生已经到会场了，并问及我什么时候到。我一看时间，才傍晚 6：10 不到，离傍晚 6：30 开场尚早。看来，李晓江先生十分重视此次活动，也早早地赶到。难怪他在讲座一开始用了"殿堂级"会场这个词，看得出他是心怀敬畏和敬重的。像他这样已具有了不起专业成就的人，仍抱有敬业的心理和认真态度，应该是能做好大事的重要素质吧。

　　我在致辞中说道："李晓江教授是我国城市规划领域的大师级人物。"用"大师"一词，是因为当天我在微信群看到了他被评为"设计大师"候选人的公示。所以，当我赶到逸夫楼进厅遇到他并向他祝贺此事的时候，他倒是十分坦然，说去年也已经到了公示这一步。经历上一次挫折后他也显得低调，我想这一次他评上大师应该没有什么问题吧。

时间已到，会场座无虚席。干靓老师提前拟好了李晓江先生的简介，并打印了出来交于我。于是，我在致辞中就照着念了："李晓江先生是中国城市规划设计研究院原院长，中央京津冀协调发展专家咨询委员会专家，中国城市规划协会副会长，同济大学建筑与城市规划学院李德华、罗小未讲席教授。"也许是这一讲席教授，成为邀请他作此次高等讲堂讲座的契机吧。

我接着介绍："他长期从事城乡规划、交通规划工作，主持北川新县城灾后重建规划与建设过程技术服务，探索形成国家灾后重建的重要模式；主持完成国内多个重点城市的规划重大项目，多次获全国优秀规划设计一等奖，全国工程勘察设计金、银奖"。

李晓江教授的讲座题目是"中国城镇化'下半场'的思考与探索"。主要包括三个方面：①中国社会结构与人口城镇化特征；②城镇化"上半场"发展制度与问题解析；③城镇化"下半场"的技术方法探索（图17）。

讲座从傍晚6：30一直讲到接近晚上9：00，内容十分密实。之后他又回答了两个学生提问。

一场讲座下来，我猜想一般六十岁左右的人应该是比较累了，但他仍然坚持着比较好的状态。其敬业精神让人敬佩。

图 17　李晓江教授讲座

（照片由杨贵庆提供）

特别是在讲演和回答问题中，流露出的一种对城乡规划专业的自信和自豪，当然这也得益于他长期以来负责重大项目实战经验和与高层决策交流的经历吧。的确，城乡规划学科与专业的思维，能让人在逻辑思辩、客观把握、趋势研判等方面胜人一筹。多年以来，接触到的城乡规划专业毕业的校友，都在一定程度上认同这个专业，因为这个专业不仅给毕业生的职业生涯带来了社会地位和财富，也适应时代发展的需求，从而展现了有意义的人生吧。

不过，对于讲座中"上半场"和"下半场"的划分的判断，我个人认为还为时过早。也许不一定是上、下半场两分法，或许还有不同阶段的经历。从城乡发展的"长镜头"来看，几十年毕竟十分短暂有限，在发展过程中，更为重要的应该是发展的质量。

记录完成于 2019 年 11 月 6 日 12：00

同济联合广场添秋季工作室

附：讲课要点（李晓江）

中国城镇化"下半场"的思考与探索

1.中国社会结构与人口城镇化特征。分析改革开放 40 年快速发展中的社会结构变化，包括人口红利消失与老龄化、高抚养比、新增就业人口主体从农民工转向大学生，社会阶层分化与中产阶层成长。人口城镇化的区域与层级流特征。社会变迁中生活价值观、消费需求的变化。

2.城镇化"上半场"发展制度与问题解析。从税收、财政体制，货币政策分析城市增长的基本制度设计，及由此造成的发展理念与导向，空间资源错配的问题。讨论"十九大"提出的"建立现代经济体系"，改革财政与税收体制的战略意义和重大影响。

3.认识城市发展的新理念，认识高质量发展、高品质生活对建设科技与规划设计的新要求和理念、方法的转变。以北川新县城灾后重建、几个重要新区规划为例，讨论建设领域各专业如何坚持理想信念，担当社会责任，为人民营造美好家园。

陪同法国教授黄岩乡村之行

2019 年 10 月 31 日（星期四）

    10 月 30 日下午从 1：30 开始，连续听了今年研二、博二的研究生开题报告，有李京生教授、黄怡教授、李晴副教授、栾峰副教授、赵蔚讲师和我一起参加。我带的博士生王丽瑶，硕士生秦添、张宇微参加汇报，还有正在意大利米兰理工的周叶渊通过录音汇报 PPT。他们都顺利通过了。下午 5：00 结束后，我就和已约的法国斯特拉斯堡规划教授 Andreea 一起，坐地铁赶赴虹桥火车站乘坐晚上 7：01 发车去黄岩的高铁。

    一路上 3 个小时，竟然全程和 Andreea 教授海阔天空"乱侃"，聊到全球、人类、环保、志向、境界。好在对于一名法国教授来说，英文也是她的外语。大家都用第二语言聊天，我感觉自己也并不输给她。但相比较，我的英文单词量有限，要深层并丰富表达观点的时候，我的词汇就不够用了。因此，对于她的一些重要用词，我采用半猜半推理、顺着语境的方式才理解的。总体感觉，英文作为交流的工具，实在很有必要，至少可以帮助了解更多人对于事物和世界的不同看法，可以启发自己的认识空间效应。

高铁到达黄岩已经夜晚 10：00 过了。黄岩区农业农村局（原来农办）的副局长张良法到高铁站迎接，并开车送至黄岩耀达酒店。他的尽心尽力让我十分感动。虽然是他的工作，但他做得十分尽心，这也是我要学习的。这种和社会接触的经历，给我带的两名在读研究生也是一种工作实习，让她们体会进入职场之后敬业的重要性。

10 月 31 日周四的这天就是一如既往的繁忙和紧凑。上午第一站是南城街道蔡家洋村的贡橘园，照例又是南城街道党工委书记陈虹女士率队在蔡家洋村贡橘园停车场早早等候了。还见到了劳苦能干的陈会岳副主任、王副书记等，当然还有施工队长应荷友（人称"老应"）。大家沿着贡橘园的木栈道向橘林中心走，一路上经过"贡橘舫""橘三仙""风华橘色""好景轩"，都是创意规划设计的结果。

之后大家又到了蔡家洋村新挖就的水塘边。工程进度很快，南城街道陈虹书记团队的工作力度大，效率高，让我这边设计团队感到十分过瘾。因为对于设计师来说，能够马上落地的设计做起来十分有劲，也可以感受到通过设计增加的环境效果和价值。就这样，一路走，一路看，一路说。我既表扬，也提出意见和新要求，如同路演。大约 10：45，此地的考察结束，大家又上车赶往高桥街道瓦瓷窑村了。

大约上午 11：05，中巴到了瓦瓷窑村（我一般简称其为"瓦村"）村部前的小广场上。这个通过"点穴启动""文化定桩"的村广场，经过一年多的奋发努力，终于形成了令人振奋的新风貌。两棵香樟树种下已逾一年，高耸而上，风姿飒爽，绿叶飘摇，仿佛在打招呼问候。高桥街道党工委书记杨云德率干部一行同时抵达。相遇，十分亲切。村里干部和村民也围拢过来，经过一年多次（总共应该有几十次了吧）的交流，他们已十分熟悉我的"路演"行走路线。照例是沿广场走一圈，并时而讨论新的问题，提出新的建议。

瓦村的"文化定桩"节点项目基本已经完成，广场和周边建筑已经发挥作为社区中心聚人聚心的重要场所作用。广场建成之后，经常会开展一些活动，黄岩区里，甚至台州市里为民下乡入村义务活动也开始在广场上举办。接下来"瓦村春晚"文艺演出活动让人十分期待了。规划建设一路向村南推进，已经开始建设老人服务中心、停车场，体现瓦村的"瓷慈文化"。等这批建完之后，需要开始着手永丰河两岸的老旧建筑改造，"青瓷文化风情酒吧一条街""青瓷源微型博物馆"等设施要陆续筹划起来。当然，更重要的是鼓劲，鼓励村里、高桥街道努力一起谋划，把"瓦瓷窑工艺美术学校"办起来，一来可以传承发扬传统瓷窑工艺和文化，推进工艺品现代艺术转化，二来可以以此带动村庄整体产业和人气，为乡村振兴注入核心动力。

一行人在离开瓦村前，在永丰河的桥上合了影（图18）。照片上的16人来自各方。Andreea教授也应邀合影，她站在我的左手侧。右手边是杨云德书记。这张照片现在看来没什么，但对于很多年之后的瓦村乡村振兴的村史研究来说，也应该

图 18　黄岩区高桥街道瓦瓷窑村合影

（右七：杨云德；右六：杨贵庆；右五：Andreea；右四：张良法。照片由高桥街道党工委提供）

是一份史料吧。我知道，历史就是这样被记录的。

离开瓦村，已经中午 12：00 了，按计划一行人到高桥街道办事处食堂用午餐。席间大家谈论十分欢畅。匆匆午餐后，又需赶往黄岩西部的宁溪镇乌岩头村。趁着沿路车行的大约45 分钟，我便可以好好地小睡一番，并且可以把手机里积压的一整个上午的微信信息回复处理好。

抵达乌岩头村的时候，已是下午 1：30 了。又见到熟悉的乌岩头古村，已经是不知道多少遍的足迹了，一草一木我已十分熟悉。又见到宁溪镇陈鸣瑞副书记、王华城建小主任，老应也早已赶到。顺溪而上，我看到经"利奇马"台风肆虐而几乎被填平的原来的深沟溪流又重新恢复了旧貌，只是两岸重新砌筑加固的石岸似乎太新了一些，但假以时日，便又可恢复与大自然的一致面貌。

我围绕村子走了一遍巡查，回头已见不到 Andreea 教授的身影。原来她十分好奇其他更多的深处，在研究生秦添的带领下四处查看去了，到了按原定时间上车准备离开的时候，她们还没有赶过来。又打电话询问，等了十分钟，她们赶来了，于是大家便又一起出发赶往沙滩村。

这次刚到屿头乡沙滩村村口，就听到了从社戏广场飘来的演戏的声音。顺着走了无数遍的太尉巷进去，到社戏广场豁然空间打开，但见人头攒动，村里在社戏广场中央搭起了大棚，戏台上正在演着好似"越剧"唱腔的地方戏，一问才明白又是一年一度的太祖爷生日，农历十月初一演大戏，六天七夜。街巷里外都是看戏的、卖小吃的，乡里乡亲几乎全部出户了，把这个我们规划建造的戏台和广场充分利用了起来。我深为感叹：最终是人的活动，完成了规划设计的要义，实现了从空间到场所的价值转化。

Andreea 教授饶有兴致地在我带领下参观。从供销社改建的"同济·黄岩乡村振兴学院"食宿区出来的时候，正好碰到了从乡政府匆匆赶来的屿头乡乡党委书记陈康，并一起又参观了同济工作室、乡村振兴学院教学区、乡公所改造的"枕山酒店"，最后返回到同济工作室边上的由人民公社时期粮站改建而来的精致乡村酒店"粮宿"。

在"粮宿"二层休息平台上三人合了影（图 19）。照片

图 19　黄岩区屿头乡沙滩村合影

（左起：陈康、Andreea 教授、杨贵庆。照片由杨贵庆提供）

中远山似"金元宝"的景色甚是壮观但又不乏秀美，那是与雁荡山连着的括苍山余脉的重要地标。

　　陈康书记与我商量下一次举行"粮宿"酒店"开住"（正式启用）活动的事情，打算邀请之前的设计单位、建设单位（如上海巴斯夫公司等）一起来住一下并讨论"适用技术"在乡村建筑改造中的运用话题。没聊一会儿，时间匆匆又到下午 4：00，于是大家又出发前往头陀镇。

　　到了头陀镇头陀村已经是下午 4：30 了。头陀镇镇党委书记黄革军一行早已赶到等候，施工队老应也赶来。大家一起往头陀老村里走。黄书记也说起头陀老街山上正在演戏，我纳闷为何这里的"神仙"也是这个时候生日？怎么与沙滩村的太祖爷一个生日呢？黄书记幽默地回道："这些神仙的生日都差不多在这个时候吧。"我对此研究不多，但显然这与地方乡土信仰文化有关。

头陀村是浙江省历史文化（传统）村落保护和利用重点村。老村规模比较大，建筑虽破，但整体传统空间格局特色尚在，十分难得。头陀村的建设还需要大力推进，需把中心广场的派出所行政办公楼重新调整之后，留出场地形成一个"点穴启动"的点。此外，由于头陀村的保护利用建设刚起步，需要坚持把这项工作持续下去。只有坚持，才能看到好的效果。但令人高兴的是，不少村民开始自发地筹划改造他们的老宅，这是一个村民参与共同改造的很好模式。

在头陀镇政府大楼食堂简单用过晚餐后就又匆匆赶赴台州高铁车站返回上海。一天的行程十分满。张良法副局长不禁感叹我们今天的工作节奏，说是把两三天的工作压缩在了一起，强度太大。但这已是我多年以来的在黄岩乡村"行军打仗"的节奏。身体上确实感到有些疲惫了，但心里很充实、丰富。

本来在以前高铁回上海的 3 个小时车程可以好好休息恢复一下体力，但这次回程是不可能休息了，因为和 Andreea 教授同坐，又交流了足足 3 个小时。我们沿途几乎一直在说话，一直说到上海虹桥车站。她打出租车回酒店。

这次我回到家，真的确实感到筋疲力尽了，待我一靠上枕头的时候，真切感到入眠是一件多么踏实的事情。

记录完成于 2019 年 11 月 10 日 15：30

同济联合广场添秋季工作室

主持"第十六届中国城市规划学科发展论坛"

2019 年 11 月 2 日（星期六）

第十六届中国城市规划学科发展论坛，暨 2019 年"金经昌中国城市规划优秀论文奖"颁奖如期举行。

上午 9：00 是开幕式，但是因为今天周六换下周一的课（原因是第二届上海国际进博会调休两天），所以一大早赶去给新生院本科生上"城乡规划导论"课。一·二九大礼堂坐了一大半学生，据负责课程的建筑系徐甘老师说大约有 400 人。为了这堂大课，我一大早 6：30 就起床，7：15 就往学校赶，7：40 就到了，提前 20 分钟。上完了课，我直奔学院钟庭报告厅。论坛开幕式正在发奖环节，还没有结束，所以集体照还没有拍，心想还终于能够赶上拍集体照。于是就去了规划系主任办公室放好背包，喝上一杯咖啡。和人聊了片刻，一看已是 10：00，拍照的时间快到了，我匆忙走出明成楼的门厅，看到不少熟悉的脸庞，是各地来参会的同仁。心想我此时正好可以及时入队拍照。但哪知集体照刚刚拍完，大家是零散地、意犹未尽地分别自由组合拍照。今年的学刊论坛合影我就这样错过了。

从微信群看到的发奖环节照片，我的学生，博士生关中美、硕士生肖颖禾作为提名奖论文的代表手捧大红奖状一排合影。这是因为 2018 年度我带领他们两人分别写就的论文获了奖。与肖颖禾一起写的是《文化定桩：乡村聚落核心公共空间营造——浙江黄岩屿头乡沙滩村实践探索》发表在《上海城市规划》2018 年第 6 期；另一篇是和关中美一起写的《基于生产力生产关系理论的乡村空间布局优化》发表在《西部人居环境学刊》2018 年第 1 期。这两篇都是我带领团队长期在乡村规划、乡村人居环境研究实践中的理论提升。尽管论文获奖的级别不高，但也足以反映出重要性和认可度。论文再次映入读者观众之眼界，对论文创新观念的价值传播应该会起到推动作用的吧。

上午集体拍照之后，就进入了主题演讲环节。彭震伟老师主持了上午一段，主题演讲的嘉宾有王建国院士、陈雯教授、伍江副校长。下午报告分两段，上半场由唐子来老师主持，三个主旨报告人分别是张庭伟老师、张国华院长、邓红蒂副总工；下半场则由我来主持，两个主旨报告人分别是茅明睿、尹稚教授。总体来看，报告的质量很不错。比较突出的有王建国院士和张庭伟老师的报告，因为报告的思想性比较强，带着对规划理论本身和客观规律本质的思考，让人体会到更加深层次的逻辑思辨。这两个报告本身的逻辑性很强，措词十分用心。特别是王建国院士的 PPT 行文文字和讲话，

图 20　王建国院士在学科发展论坛上做主旨演讲

（照片由规划系办公室提供）

对措词的选择，严谨和准确性令人印象深刻，看得出他是经过十分仔细的推敲，不愧为学问大家，是我要学习的榜样（图20）。难怪傍晚在三好坞餐厅工作晚餐我与中国城市规划学会石楠常务副理事长、曲长虹副秘书长坐在一桌用餐时，曲长虹说到王建国院士准备重庆年会演讲 PPT 的认真程度，据说是一个月之前就开始准备了。

下午的论坛、唐子来老师主持的时候，他的点评让人再次领教了他睿智、幽默的极佳风采。他确是智慧且幽默的，这是他对于规划专业思考和深厚积累的自然反应。他风趣的、敏锐的调侃和批评，让全场掌声不断。他的点评和批评兼具启发性，是我要学习和揣摩的。

接着唐老师之后我主持的两个讲座，也免不了要加以适当的评论，否则就真成了报幕的了。学术主持与节目报幕不同，需要有一些综合点评，而作为学刊年度论坛的学术主持，本身也是一种荣誉吧。因此，还真的需要传递一些重要的思考。按照这个定位，我总是要先把演讲嘉宾的主要内容作一归纳，然后再发表感想（图 21）。

对下半场茅明睿 CEO 的报告，我是这样归纳和点评的：

感谢茅明睿先生的精彩报告！他的报告展现了新一代规划师的学术风貌、科学精神和人文关怀。他建立了数据与社区之间的专业关联，他以"城市规划专业的春天在哪儿""城市科学的春天在哪儿"的问题出发，首先对国土空间规划进

图 21　杨贵庆主持学科发展论坛

（照片由规划系办公室提供）

行了评价："国土空间规划是不是让规划人看到希望"；其次，他谈到城市复杂系统的不确定性，提到了这个系统的自我组织、自发秩序、自适应、混沌等特征。第三，他提到了"新城市科学"、规划转型，如何建构数据驱动的城市模型？如何跨越学科发展的内核之门、未来之路？进而他谈到社会系统治理模型，关于社会感知、社会计算、社会参与、社区设计，通过北京市"下社区"的行动观察和实践，阐述他的规划社会价值。

借点评的机会，我也引申开来一些相应的感想：

首先是关于当前开展的国土空间规划"双评价"的评价，这不是新的东西。早在我们读书的时候（1980年代）《城市规划原理》中，就有关于环境承载力评价（包括水资源、土地资源等），也包括用地适应性的评价。当时没有计算机算法，只能用方格网打分法，区分出宜建设用地、不适宜建设用地等类型。因此，国土空间规划从学科来说它并不是一个全新的东西。当前我们更需要的是学科交叉、融合。国家自然资源部的成立，对我们专业培养人才来说，是多了一个用人单位。我们需要在原来的教学框架内及时补充相关的知识，但不能放弃几十年来几代人建构起来的学科基础。

其次，对于"城市复杂系统不确定性"来说，我们是否想过：不是因为城市这个系统的不确定性，不是因为这个客体的不确定性，相反，是因为我们（作为主体）认识水平的不断变化和提升而带来的不确定性。因此，不能因为主体认识的不确定性而归结为客体的不确定性。与其我们下定论说客体不确定，还不如我们再耐心一点，再多学习一点，不断提升主体对客体规律的认识水平。

此外，对于当今这个充满数据的时代，我们被数据绑架，个体生活的质量，真的需要那么多数据吗？我们是否可以简单一些，回归生命的本真？

下半场的第二个报告，是尹稚教授的"中国新型城镇化战略的当下与未来"。我是这样归纳和点评的：

感谢尹稚先生的精彩报告！作为中国新型城镇化研究院执行院长，他首先剖析了这一话题的三个关键词：（1）中国新型城镇化战略。国家政策背景、战略的内涵。（2）当下。当下的问题，区域格局，以及挑战，还涉及了中国城镇化发展环境的重大变化，东西部问题，南北方问题，甚至对当下的问题他都提出了尖锐的批评。（3）未来。关于如何以人为核心，以人民为中心，分阶段实现城乡融合的发展目标，运用智慧，努力实现更好的城乡发展。其次，他的报告直击新时代社会主要矛盾这个命题，人们对美好生活的向往和发展不平衡不充分的矛盾。这种不平衡、不充分，反映在区域之间、城乡之间、城乡内部。因此，他的报告充满了对于城乡人群的人文关怀，特别是对经济落后地区、贫穷人群的关注。

在下半场结束之前，我让观众席对发言嘉宾提了几个问题，活跃了气氛，但仍然是感到听众比较羞于或不习惯提问，也许时间已到下午5：30了，已远超过之前设定的时间。因此，我又作了最后总结：

今天的城市规划学科发展论坛已接近尾声。生态文明时代城乡人居环境规划，既有挑战，又有机会。在发展过程中，有许多城市病、乡村病，各种病。城乡作为生命有机体，肯定会有病，既有的病治好了，又会出现新的病。我们需要关注的是，这些病是否是致命的？有机体能否有韧性？如何修复？这让我想到伊利尔·沙里宁的《城市：它的发展、衰败与未来》一书，我们把原来英文用的"Growth（生长）"翻译成"发展"（Development），把原来英文用"Decay（腐蚀、溃烂）"翻译成"衰败"（Decline）。中文题目的翻译不是太准确，没有把原文中将城市作为一个生命体、有机体来看待的意思精确表达出来。生命体有机体的生长必然会产生病。正是因为这些病，给我们今天的规划师带来了历史性的社会责任，带来了学科发展的契机，也带来了个人职业成长的机会。因此，我们要更加努力学习工作，成为一名更好的治理城乡病的规划师！

学科发展论坛至今已经是第16届了，归功于董鉴泓先生的开创和坚持，并归功于《城市规划学刊》编辑部的一批编辑老师的努力工作和社会各方人士的鼎力支持。我从2012年开始第一次主持第九届论坛的自由论坛，然后从2013年第十届开始，已经至今连续主持了七年。这个学术主持同时也成就了我的心智，这也是作为系主任责无旁贷的工作吧！自己深感受益良多，感恩同道的邀请和信任。

我知道，事情不可能一直这样持续下去。正如之前的不少前辈主持现也退居到观众席中，如陶松龄先生、陈秉钊先生、赵民教授等，岁月浪涛就是这样，等到哪一天我也卸任了系主任一职，也将退席到观众群中。我也将如我的老师们那样，平静地安坐于观众席中，专注学术，专注思辨。正可谓：年龄的青春终将老去，而学术的青春可以常青。

记录完成于 2019 年 11 月 7 日 18：45

同济联合广场添秋季工作室

参加"第二届（2019）中国乡村规划设计论坛"

2019 年 11 月 14 日（星期四）

昨天从上海到北京往返打了个"飞的"，受邀参加"第二届（2019）中国乡村规划设计论坛暨中国乡村规划、设计、创意服务联盟发布仪式"。这个论坛是"浙江清华长三角研究院产城融合研究中心"发起的，发起人是陈伟。他是国家发展和改革委员会经济体制与管理研究所学术专家委员会副秘书长，兼任浙江清华长三角研究院产城融合研究院产城融合研究中心主任。

据说这个长三角研究院是习近平总书记当时在浙江任省委书记的时候发起的，把浙江和清华的学术资源联系起来。当然现在长三角战略已上升为国家战略，可以看到习近平总书记当时的宏伟韬略。这次我的参会是由吴志强院士推荐的。可能因为吴院士非常忙，也可能因为他认为我比较合适，因为我这些年在浙江黄岩乡村的规划和乡建的"深耕"给他留下了印象，所做的工作更适合"乡村规划、设计"的主题吧。

一大早就坐地铁赶往虹桥机场，坐 9：00 的飞机，大约

11：40 到北京首都机场。来接站的是中心副主任杨志峰。来到了二环路"歌华"大厦，大厦的底楼有一个餐厅。陈伟主任迎候我并陪同了午餐，杨志峰副主任也在场，礼仪可谓十分周到。

简单餐叙之后，大家径直去楼上的会场。接下来就是各路前来参会的专家学者交流。媒体人也比较多，这次参会嘉宾中最高级别的应该是国务院参事汤敏先生，他的座位正好与我邻座，得以互加微信并交流。会场一排6人，中间走道一边各三人，与我和汤参事坐在一起的另一人是《农民日报》总编（主持）何兰生先生。这些在外界看来都是社会地位很高的人，这里一下子聚集了好多。这足以见得陈伟主任的召集能力和个人魅力，也反映出大家对乡村振兴这一主题的关注。

在致辞和联盟成立仪式环节之后就开始了主题演讲环节，陈伟主任特意安排了我第一个出场发言。这次我发言的题目是"乡村振兴规划建设的理论思考与实践探索"，给定时间25分钟。我对PPT作了精心准备，演讲的三个部分依次为：

（1）理论层面关于生产力、生产关系、社会关系和空间关系的思考，关于新的发展动力的思考；

（2）与《国家财经周刊》吴亮总编等一起总结提炼的"乡村振兴工作法"的介绍；

（3）黄岩乌岩头村，沙滩村的实践探索。

讲毕，与会者热情很高，会场气氛十分热烈，大家报以热烈掌声。当我回到座位上的时候，汤敏参事主动和我握手表示祝贺和赞赏。我想，这个实践探索的样本应该是大家希望看到的吧。黄岩乡村振兴实践改变了固有模式，提供了崭新的样本。

接下来的三个演讲分别是：由汤敏先生（国务院参事、友成企业家扶贫基金会副理事长）作的"在乡村振兴中如何大规模、低成本、高效率培养人才"；由董耀会先生（中国长城学会副会长）作的"长城沿线地带乡村发展现状及振兴思路"；由何崴先生（中央美术学院教授）作的"以总体艺术方法作乡建"。大家谈得都很有质量。何崴教授因学校晚上有课提前离开会场，走之前还专门走到我座位这儿打招呼，并提到有一年曾在台湾淡江大学参加海峡两岸 TEAM20 活动时碰见过。我也是有这个印象的。

第三部分的"圆桌沙龙"有两场。上半场是由何兰生主持的"乡村发展规划"讨论；下半场是由曾辉（北京国际设计周策划总监）主持的"乡村设计创意"。我坚持听完了两场，一看时间已是快下午6点了，就向陈伟主任匆匆告辞赶赴机场。这次又是杨志峰副主任驾车送站。晚上 8∶30 的航班到上海虹桥机场已经夜里 10∶45 了。

整个一天行程很紧凑，也让我了解了在规划设计行业之外，另有一大群不同专业背景的人在积极努力践行"实施乡村振兴战略"。从更宽广的面上来看，乡村振兴绝不仅是规划设计能干出来的。虽然规划设计具有独特的视角、作用和贡献，但它必须多学科交叉，由多方面参与、多层面协同。

既要有技术工具，又需要政策工具，还需要各路人才。尤其是青年一代积极参与，全社会的动员，方能取得更大的实效、取得更长远更可持续的发展。

记录完成于 2019 年 11 月 15 日傍晚
同济联合广场添秋季工作室

校友会论坛的意外收获

2019 年 11 月 16 日（星期六）

　　上午举行了同济大学建筑与城市规划学院第四届校友论坛。各行各业的校友返回人数不少于 100 人，覆盖了建筑学、城市规划和风景园林、艺术设计各专业等。当时艺术设计学还没有分去成立专门的设计创意学院的时候，建筑与城市规划学院也培育了不少这个专业的毕业生。

　　这次校友返回日论坛的主题是"从现代到未来"，也许是为了契合包豪斯现代主义运动／包豪斯大学办学百年而起，因为在学院正进行着"包豪斯 100 年与同济基础教学"的展览，在上午主旨报告结束之前，建筑系的张建龙教授专门就此展览作了说明。这让我想起上学期我也曾担任了半个学期本科生一年级的基础教学，辅导了两个短期课程设计。其中一个就是"再论里弄"的作业，通过声、影像、感知等方式，以人的知觉和视角去体会里弄空间场景，并通过形态的方法去转译这些不同的感知，这样做出来的构成作业，既是十分理性的，但形态展现的结果是独特的。它从逻辑的视角去展现形态，并且展现出形态的变化和关系。它已经不是从形态的美学出发去表现美，这应该是包豪斯设计革命的要义吧。

上午在开幕式之后我赶上了拍大合照。本来我是着领带去的，但一看校友中只有76岁的张莘植校友（他原来做江苏省常州市新村规划设计而获得国家建设部金奖）带领带，所以打算取下它。但坐在一旁的景观系主任韩锋教授说不必取下，她说带着"比较正式，挺好的"。于是我就干脆一直带着了。我本想着带领带表达对返校校友的一种致敬，但现在反而并没有多少人把这十分正式的场合体现得更为庄重、正式一些。也罢。

开幕式之后的主旨报告应该说是都比较精彩。李忠先生照例又宣传了他努力耕耘的"华高莱斯"策划理念，令人敬佩。最有思想深度和听得最过瘾的还是常青院士的演讲。他的思考十分严谨，又充满哲理和智慧。他报告题目是"整旧如故，与古为新——历史环境再生探索"，从回顾和挖掘历史文献中得到启发。正如他本人讲，关于这个主题的表述，他已经说了多次，但常说常新，正如他的学术思想追求一样，常青着，着实令人敬佩和学习。

下午的分论坛一是由我主持，主题是"教育与科研"。共有13人演讲，内容丰富。因为人多，每人只能分得15分钟。但这15分钟的报告，浓缩了校友各自事业追求的精华，可以说，每个讲演者都在竭尽全力尽量出色地展示着他们为事业打拼而成就的精华，让人尊敬。一些校友也许是第一次返校作报告，还有些激动，难以把握15分钟的时间。我必须几乎每次提醒才得以严格把控时间。总体上，报告质量都不错，因年资不同、专业和视角不同，而呈现了各自的特色。结束之前大家合影留念（图22、图23）。

值得一提的是下午论坛下半场开始的杨哲校友。他的报告题目是"《聚落寻源》与国土空间规划"。他目前是厦门大学建筑与土木工程学院规划系主任，执教了将近十年乡村聚落的学生认知实习，每年暑假他带领一批学生选择一个地方深入认识乡村聚落，进而集腋成裘记录成书。演讲之后，他发给我两则微信，说是打算赠送我一本《聚落寻源》，微信内容如下：

"杨老师您好！我把原想当面送给郑时龄老师的《聚落寻源》先送给您吧！（这次见不到郑先生，回去后再寄给他）。不好意思，书做得有点儿重，没法多带。"

"这本走村串城的教学小结，希望得到您的指导！有机会更要多向您讨教乡村振兴的方方面面，特别是模式方面，很多兴趣和困惑。谢谢您啦！"

聚落研究方面是我的酷爱，长期以来一直积累和跟踪。所以收到赠书后几日里，我先睹为快地从头到尾阅览了一遍，感到他内心是有坚定学术追求的。另外，我也偶然在杨哲校友的书中，看到了目前在同济我指导下读硕士生研三的肖颖禾同学的照片与诗作感言。她原是2012年在厦门大学的本科生，5年之后于2017年免试推荐到同济读研。她读本科期间参加了杨哲老师的乡村聚落调研团队，从她的诗作感言中可

图 22 校友会分论坛嘉宾与主持人合影

（照片由规划系办公室提供）

图 23 校友会分论坛会场

（左一：杨贵庆；左二：王世福；左三：李麟学。照片由规划系办公室提供）

以看到她有很不错的文学底子。

校友论坛还值得记录的是发言人程博。他目前是丘建筑设计事务所创始合伙人,他演讲的题目是"对设计教学的设计:建筑工房"。他在发言中突然提到了我,说是当年作为规划专业本科生非常喜欢听我改图,遗憾当年未能分到我这一组,但经常跑到我这组在我身后看我给其他学生改设计方案,给他带来很大影响。后来他本科毕业后到瑞士苏黎世联邦理工学院读了硕士,回国创业。他的这番话让我很是感怀,作为教师不经意间导向了学生的积极进取,很是欣慰。

校友日特别要记录的是午餐时与校友黄桂利的一番交流。我与他是很久以来的师生情谊了。当初他在本科阶段读到高年级的时候,曾跟随我课外专业实践,协助我管理工作室。当年我的工作室租房于赤峰路的两幢高层住宅的其中一幢的二楼,我记得他经常是一个人在工作室认真自修或画工程设计图,也帮我接待一些来访的甲方。他对我说,他记得很清楚当年的场景,甚至记得有一年的春节前夕,因为工程项目交成果时间比较紧,我挽留了他多日一直拖到大年卅。火车票已经很难买到了,但我赠给他一张从上海飞海南的机票回家过年。机票价格是 530 元,他记得非常清楚。因为那是他平生第一次坐飞机,本来需要 4 天 4 夜的路程,这下当天就到家了。他说平时坐火车,过琼州海峡还要渡船,路途艰辛。黄桂利还说当时我给他发了工资,借此工资他买了礼物回家探望。他说最大的感受是因为帮我管理工作室,和甲方谈判讨论方案。他还提到，由于我在上海嘉定区黄渡镇签了一个设计项目合同后，刚画完设计草图，我就生病了，接下去的工作由他代理去甲方汇报，并讨论合同的执行进展，完全放手信任他去干，这些经历给他毕业后的创业打下了基础，信心倍增。

这些交流和反馈对我来说，如陈年美酒沁人心脾，十分欣慰，这也许就是教育的价值吧，是教学修行的回报吧，岁月过往很久，但记忆十分珍贵，亦如我对导师李德华先生、陈秉钊先生的感恩。点点滴滴的关心，或许在为师的来说并不经意，但对于彼时青春年少的学子，却是记忆生根了。

记录完成于 2019 年 11 月 21 日 8：05

浙江台州黄岩国际大酒店 1605 房

躬耕三尺讲台
——有感于两则学生微信

2019 年 10 月 30 日（星期三）

这学期带本科生三年级（上）的课程设计，设计作业的名称是"城市社区中心建筑与场地规划设计"，一学期 17 周。每周二、五的课，每次一整个上午 1-4 节。

这个课程设计我已经带了很多年，因课程教学大纲已经比较成熟，所以设计指导本身对我来说没有什么挑战。最大的挑战是针对大三学生个体的教学方式。因为这些年轻人是刚从二年级结束，第一次进入城乡规划专业领域的学习，需要尽快建立起"规划思维"。另外，每个学生对新课程的心理承受和压力适应不太相同，个体差异大。作为教师，应需要很好把握"教学心理学"，以鼓励学生为主，不断引导，努力激发学生对规划专业学习的热情和积极性，让他们尽快建立自信，从而可以快速调整自己的情绪和心态，避免产生畏惧和逃避心理。总之，教师需利用好课程环节，让学生充满信心地进入大三下学期。

这个学期我同时还带一名新入职的年轻教师，助理教授刘超，她刚从美国佛罗里达大学城市规划博士毕业，其本科是北京林业大学的园林专业，硕士专业是北京大学的规划，通过这个学期的示范教学，为她下一学期独立承担教学打下基础。

学期至今已经过半，表面上虽说比较平稳，但两次在手机微信朋友圈中偶然发现本组学生的教学反馈令我小吃一惊，同时也很受鼓舞。作为一个规划师的时空坐标，我觉得三尺讲台应该也是一个重要内容，于是决定花点时间动笔记录下来，否则，日复一日，这些闪着岁月光亮的点滴也许会很快消失或淡化在岁月长河中。

其中一则是本组学生 D 同学在其微信朋友圈中的留言：

进入大学两年多，第一次上设计课上到很努力才忍住没让眼泪流下来。是老师信手拈来的极高才华、温和但精准的分析和对设计的纯然的热情，让此时此刻对未来感到迷茫且痛苦的我一次又一次地感到规划的美好和值得。唯有感恩，唯有努力。

虽然 D 同学的微信没有提到我的姓名，但她附了一张其他同学拍的照片。那是在教室上课时我给她改图的情景。照片大概是本组的另一位同学拍的吧。

虽然这是一张极为普通的在教室里给学生改图的照片，很多年以来都是这样，而且其他老师也是这样。但是对这个学生影响却是非常之大。当我偶然看到这个朋友圈的留言，我内心是震撼又喜悦的。震撼的是学生在学习心理上的起伏波动之大，喜悦的是教师的努力可以从心理层面上帮助学生，增强信心。

受此微信感动，我在 10 月 30 日 12：56 发布了一则微信朋友圈信息，把 D 同学朋友圈发布的信息（含照片）进行了截图粘贴，并留言道：

作为教师的喜悦和欣慰，莫过于偶然在朋友圈看到一则学生的反馈，更加坚定了敬业的要义。

此文此图在微信朋友圈一发布，立刻迎来大量的、超过百人的点赞和留言，一天内点赞超过 300 多人，留言 34 人。点赞和留言人数已经超过我以往朋友圈微信的任何一次。一些朋友的留言亦是让我十分感动。同济大学的蔡三发老师引用了"是一棵树摇动另一棵树，一朵云推动另一朵云，一个灵魂唤醒了另一个灵魂"。蔡老师把此番师生交流上升到"唤醒灵魂"的高度，令我时时咀嚼其中内涵，深为感动。还有我本科时期专业启蒙老师张庭伟先生的留言："难得！"同事张松教授的留言："妙手回春！"

这些热情洋溢的留言，反映出大家对这如此温馨交流的瞬间的内心感悟。这让我想到曾读到过的，汉代杨雄曰：师哉师哉，桐子之命也。就是说，做老师的命运，如桐树的种子，榨油点灯，照亮学生，给学生未来的专业前程带来光明。作为一名教师，确实需要每时每刻提醒自己，需十分谨慎、敬畏三尺讲台，需收起自己的随意，而专注于授道解惑。

无独有偶，上周五本组的又一名学生 W 同学也在其微信朋友圈发了一则微信，也谈到了改图之后的感受，因为正好是学院开始启动"济筑·可爱老师"的双年评选活动，她写道：

建院可爱的老师太多了啊，但最最最钟爱的还是杨贵庆老师，是善解人意到让我在课上哭出来的人。内心强大又无比温柔，身经百战而永远天真，尊重而且善于发现每个个体的价值。（以下省略一万字）如果说对设计还有热爱，那大概就是被杨老师点燃的激情吧。

无意中看到这一位 W 同学的微信发布，我同样也是内心无比欣慰和激动。没想到平时的上课指导，一言一行，竟然可以对学生产生如此巨大的影响。记得应该是 W 同学在课上的设计方案进展进入了僵局，无法突破自己，所以我针对她的方案特点和遇到的瓶颈，提出了比较巧妙的解决办法，特别是挖掘、提炼她方案中既有的、可以发展的特点，使她找到了设计的信心，从而看到了方案的前景和努力方向。我想，这种启发式的教学方法、鼓励式的循循善诱，对她现在和未来的专业学习是有帮助的吧。

由于这两则在学生朋友圈的微信给我触动也不小，所以在匆匆忙碌中，我决定花点时间把这一经历和感悟及时捕捉记录下来。第一则微信我转发了朋友圈并加注评论，所以看到点赞的人比较多。前些天华南理工大学的王世福教授来同济开会，同餐桌的还有华东师范大学的孙斌栋教授等，席间大家谈到了这个微信朋友圈信息，十分认可传道授业解惑的价值，大家都有同感。

岁月荏苒。躬耕三尺讲台，收获的不是稻米，而是年轻学子的美好未来。

记录完成于 2019 年 11 月 18 日 19：00

同济联合广场添秋季工作室

纽约理工大学 Jeffrey Raven 来访

2019 年 11 月 18 日（星期一）

　　两个多月之前，Jeffrey 就邮件我说，他将于 11 月份从美国纽约到深圳大学带领设计工作营，想专程到同济和我会面。好多年未见，我俩好几次都未能促成交流。之前很早一次还是多年前在青浦区的欧盟与中国小城镇结对子活动，记得论坛结束后中外专家一起晚餐聊天，我主要是和他聊。晚餐后嘉宾又一起在朱家角的一处园林看了一场昆曲《游园惊梦》。之后的一次相见，就是前几年我率同济规划系代表团到美国几个高校访问，途径纽约时，晚上约在纽约市中心一条南北向的大街的沿街餐馆里见了面。

　　这次见面他带了个助手，名叫 Andrew Heid，会讲一点中文。同济规划系干靓老师协助联系安排了他的讲座。讲座从下午 1：30 开始的，本来 3：30 结束，但可能是互动比较热烈吧，我在学院 C 楼底层的雅憩咖啡吧等了将近半小时，直到下午 4：00 才见他们几个赶到。从干靓在微信朋友圈发的照片看，规划系的李晴老师、谢俊民老师和刘超老师等也参加了讲座和讨论。随 Jeffrey 一起来雅憩咖啡吧的除了他的助

117

图 24　Jeffrey　Raven 来访

（左起：干靓、Andrew Heid、Jeffrey Raven、杨贵庆、李晴、刘超。照片由规划系办公室提供）

手，还有李晴、刘超老师。于是，大家一并坐下继续交流讨论，合了影（图 24）

　　Jeffrey 这次带来的讲座题目是"Cool District Hot City：Designing for Net-Zero"。他长期研究低碳或零碳社区的设计，既有方法，又有实践。他的头衔是 FAIA, LEED AP BD+C，目前是美国纽约理工大学"城市与区域设计"研究生项目主任，副教授（Associate Professor & Direct, Graduate Program in Urban + Regional Design, New York Institute of Technology, New York City），而且他自己还开了一个建筑与城市设计的公司。

　　由于多年未见，老朋友再次相见分外高兴。但显然，Jeffrey 也不再如之前的年轻。我想，估计他看我也一样吧。

因为当年我并没有明显的白发。不过，大家都没有谈到关于岁月流逝的感慨，倒是很投入地在谈接下来如何更好地全面合作。我安排干靓老师继续作为外事联络人，努力促成大家都认为可做的事情。我希望尽快地、更多地把规划系年轻老师推广出去，与世界高水平大学建立教学科研合作，把我之前的外事资源、外国朋友给年轻老师交流和分享，从而促进他们的学术发展。

记录完成于 2019 年 11 月 23 日 23：15
中共浙江省委党校（浙江行政学院）向善楼 530 房间

浙江乡村振兴"金牛奖"

2019 年 11 月 20 日（星期三）

    11 月 19 日晚上坐 G7535 到达杭州，为的是受邀参加 20 日上午的会，2019 年度浙江乡村振兴带头人"金牛奖"评选启动新闻发布会暨"金牛奖"高峰论坛。并在论坛上做大约 1 个小时的发言。这个活动很有意义，已经举行了 14 届，倒数过去，也就是 2005 年开始的，应该是从时任浙江省委书记习近平总书记就开始了，可见这个活动的意义重大。浙江省委一任接一任，把这项工作持续下来，为乡村振兴起到了积极的推动作用。

    主办方从车站把我接到了会场，浙江梅地亚宾馆。这个宾馆有住宿也有会场。联系的是媒体《浙江之声》施晨燕女士，她早已在宾馆大堂等候，登记入住，当晚就早早休息了。

    20 日上午在宾馆的七楼星网厅开会。会开得很热烈，主持人非常专业的声腔，应该会实时转到广播中去的吧。评选启动新闻发布会上，浙江广电集团的总编辑、副总编辑、省农村农业厅等都来了主要负责人，20 名提名奖人员分为"基层带头人""现代农业带头人"两组上台亮相并自我介绍。

这个活动这么多年下来，已经产生了上百名"金牛奖"获得者，对浙江省乡村振兴的推进工作应该起着特殊的作用了。

在新闻发布会之后，接着就开始了"金牛奖"高峰论坛。一共两位演讲者。首先上场的是张红宇先生，他现任清华大学中国农村研究院副院长，中国农业经济学会副会长，中央农办、农业农村部乡村振兴专家委员会委员。我还是第一次听说有这个专家委员会。他还曾任农业农村部农村经济体制与经营管理司司长。正厅级官员，应该是比较忙，难怪讲完还没等我开始他就匆匆离场了，而且离场的时候牵动了前排好几位官员离场送行。会议材料的介绍中还专门提到他多次参与中央重要文件起草，而且是中央1号文件起草组成员，多次主持联合国粮农组织、世界银行等国际组织及国家社科基金重大项目、国内政府部门组织的课题研究。可见他的工作范畴、影响力之大，应该是位厉害的人物吧。相对于他，我倒是觉得我的视界比较狭窄，多囿于学术圈内，而且只是规划学术圈内。看来我要多走动走动，参加此类论坛，获得更多信息。

张红宇先生的报告题目"新形势、新产业、新农人"，50分钟的演讲，没有PPT，但条理、逻辑十分清晰，且记忆力惊人。一连串数字，通篇讲话大量数据，可能是学经济或管理的出身，所以整个演讲旁征博引，数字论据充分，观点鲜明。其中关于中国农业发展"多元"的观点，我也十分赞同。他指出中国农业不能学美国大规模，也无法学日本太精致，中国有自己的国情，地域广大，无法一个模式。这个观点对国情认识得十分清醒。诚然，中国农业发展需要走出一条中国特色的道路，需要各地积极探索。

接着张红宇先生的报告，我上场演讲了大约50分钟。题目是"乡村振兴的理论思考与实践探索"。之前我也公开讲过这个内容，主要是结合黄岩七年来的实践，以及对于乡村经济、社会变革的思考，提出了传统村落有机更新、新时代乡村振兴工作法等观点建议。

演讲结束之后的专家互动，由于张红宇先生的离场，所以问到专家的问题就只得由我来回答。除了提名奖获得者之间的互动问答之外，倒是有一个问题问到我这儿，是关于乡村人才的问题，如何长效管理？问答的过程被《浙江之声》记者摄录了下来，当天下午就发到微信公众号中了。我觉得记者的工作十分有效。也许浙江之声的网与央视新闻移动网是并网的，所以打开的时候既显示"浙江之声"，也显示了"News of CCTV"的字样。记者抓取的题目是："杨贵庆：人才的培养和管理，是实现乡村振兴可持续发展的重中之重。"为了记录一个规划师的时空坐标，下面就把《浙江之声》记者的报导录摘如下：

在"金牛奖"高峰论坛上，兰溪市诸葛村党支部书记诸葛坤亨提出，如何建立村组织机构，并且能够常态化发展下去，是新农村建设中人才管理的一大难题。

同济大学建筑与城市规划学院教授、博士生导师杨贵庆回答了这一困惑，实现乡村振兴可持续发展，人才的培育和管理是重中之重，而这是一个需要长期培养的过程。从 2013 年起，杨贵庆和他的团队就开始在黄岩的实践。杨贵庆将培养的实践点形象地比喻为"七岁""五岁""一两岁"的孩子，比如说七岁的孩子就是沙滩村。七年前，杨贵庆团队帮助黄岩规划美丽乡村建设，如今沙滩村已经是浙江新农村的十大样本之一。杨贵庆指出，在乡村振兴的建设中，通过团队的设计规划，在乡党委的统筹和带领下，逐步改变村民们的传统观念，培育出在地化的乡村人才。

记录完成于 2019 年 11 月 23 日 22：35

中共浙江省委党校（浙江行政学院）向善楼 530 室

夜行黄岩

2019 年 11 月 20 日（星期三）

人生是一场修行，而城乡规划堪称是一场深刻的修行。一个人行走在规划的"江湖"，因为有着修行的向往，我身虽孤独，但内心狂喜。

我心怀感恩。感恩过往的成功让我增强了自信，也感恩挫折和失败给我教训和反思。感恩赞美和关心我的人，也感恩冷漠或藐视我的人；感恩亲人的爱之沐浴，也感恩陌路人的讥讽和诋毁。

总之，今夜，在令我依旧能坦然执笔抒怀和慎思的时刻，我感恩，感恩这份光阴，这份心境，这份还能允许我继续修行的自由。

2019 年 11 月 20 日 22：58
黄岩国际大酒店 1605 房间

浙江省省委党校乡村振兴授课

2019 年 11 月 24（星期日）

受浙江省农办、农业农村厅之邀，23 日晚上赶到杭州浙江省省委党校住下，为的是第二天上午从 8：30—11：30 给"乡村振兴与精准扶贫专题研讨班"授课。

这个专题研讨班是由浙江省委组织部、省农办、省农业农村厅、省扶贫办、省委党校（浙江行政学院）共同主办，为期三天，从 11 月 22 日—24 日。22 日下午浙江省委副书记郑栅洁不仅参加了开班仪式，而且还作了一个半小时的主题报告。看来这个研讨班规格很高，参加的基本上有地市级副书记和县市区一把手书记、县市长、区长，或副职，因而见到了不少熟悉的面孔，老朋友。台州市的副书记吴海平，黄岩区委副书记代区长包顺富，仙居县长颜海荣等都在场。

23 日一天的四个报告看安排还是很有分量的。上午是省农办主任、农业农村厅厅长林健东讲"乡村振兴"，副厅长、省扶贫办副主任刘嫔珺讲"精准扶贫"；下午农业农村部政策与改革司司长赵阳讲"《中国共产党农村工作条例》解读"；省自然资源厅副厅长盛乐山讲"深化农村土地制度改革"。

安排我讲的是"村镇规划与建设"。

之前主办方并没有与我直接沟通过关于具体细化的讲题，好像就认定我在这方面的专长。由于给定的题目比较开阔，所以我加了副标题聚焦"村庄风貌特色空间营造"，以浙江台州黄岩为案例，主要是把屿头乡沙滩村、宁溪镇乌岩头村作为实践案例进行了剖析。七年来在黄岩屿头的深耕（其中乌岩头从2015年开始，整个也已4年），总结了一套乡村振兴工作法及一系列有效的实践方法，并提升了作为生产力、生产关系、社会关系及空间关系内在逻辑的理论思考，十分有说服力。

学员们被3个小时的案例讲解所吸引，课间10分钟和讲完之后很多地方干部围拢到讲台周边，纷纷热忱邀请我前往到地方指导规划实践工作，于是一下子被新加了21人的微信。其中让我特别感动、印象深刻的是缙云县书记李一波女士，她说刚到那儿任职不久，特别希望我前往讲课，把乡镇干部、村干部组织起来听讲。她两次到讲台前与我交流，特别是第二次，她介绍了始建于唐代的缙云县城输水渠道依旧保留着。听了之后我内心触动，并为她的保护城市历史文化的情怀而敬佩。她在之后的微信里说道："缙云县城市千年古城，亟待您来拯救。"可想而知，一位县委书记的内心呼唤，反映出当前我国针对如何看待、如何保护和利用城乡历史文化，以及科学有效指导，到了何等严峻和迫切的程度！

如果时间允许，我倒是非常希望前往考察学习一下，并为她的工作提供参谋。然而，目前各项事务、教务繁重，个人精力实在有限。基于黄岩的乡村振兴实践仍在纵深开拓，北方山东临朐的两个村庄也在奋力艰难实施，且加上临朐县国土空间规划的样本实验，心力难以承撑。

尽管如此，我仍然将想方设法去一趟缙云县，感觉上那儿应该可以找到新的灵感和拓展。加上李一波县委书记的坦诚，让我感到应该是可以尝试一下的。

一上午讲课之后，张火法等领导又陪同我午餐，并安排车辆送我至高铁杭州东站。来接站的是楼仁调研员，送站的是祝美群副处长。徐海华调研员一直在负责联络工作。三名处级干部在协调讲课之事，可见重视程度之高。据说这次邀我主讲的提议是省委副秘书长李波推荐的。这才让我想到在黄岩曾与李秘书长面晤过一次。当时是为省委党校中青班学员介绍黄岩屿头乡沙滩村和讲课，留下过微信和电话。总体看来，浙江各级党委政府领导对乡村振兴工作的专注程度比较高，干事劲头足，务实，这也是为什么能"勇立潮头"的重要原因。

记录完成于 2019 年 11 月 26 日 23：40
山东潍坊市临朐县金城大酒店 1518 房

迪士尼乐园一隅

2019 年 12 月 2 日（星期一）

上海浦东迪士尼乐园开园已经好久了，一直没有机会去看一下。一周之前接到老友李志宏电话，邀请去参加上海国际旅游度假区南一片区规划方案专家咨询会，我便欣然答应前往。一来是特别想去看一下迪斯尼乐园规划建设的情况，二来是与志宏校友多年未遇见，藉此机会可以会晤一下叙旧。当天中午学院开完周一例会之后，便匆忙驱车赶赴会场。

正值午后时分，路上车不堵，沿罗山路到 S20，顺着指示路牌一路转到迪士尼乐园区域。第一次来，下错了匝道，本可以从西入口进区域，但转到了南入口。不过，这正好可以看到南一片区目前的情况，顺便考察有个直观的印象。从区内大环转到申迪北路 700 号 8 号楼 S118 会议室，已是下午 2：15，迟到了十五分钟。但也还好，坐在吴长福教授（学院的前任院长）右侧，他告诉我说设计方才刚开始介绍方案。于是我和主持人李志宏打了招呼，便开始系统了解方案设计构思和其他情况介绍。

李志宏目前是上海国际旅游度假区主要负责人之一，副巡视员，负责召集南一片区规划方案编制工作。他之前也是同济城市规划研究生毕业，在学校有过交集，当时他读研时，我已研究生毕业留校任教了吧。很久没有音讯，但这次得以见到，十分高兴且倍感亲切。当年菁菁校园意气奋发的场景仍历历在目，感叹时光飞逝，一晃已约二十多年。

这次专家咨询会出席的专家有多名。我意外见到了邢同和先生，他是上海现代建筑设计院总建筑师；还有几位：董明峰，上海城市交通设计院院长；曹晖，上海营邑城市规划设计股份有限公司总工。参加的单位还有上海市规划资源局（详规处、编审中心），浦东新区规划资源局（规划处），度假区管委会（综计处、规建环保处、产业处），申迪集团。负责方案的编制单位是市规划院（区域分院、交通分院）和德国 SBA 的代表。

对于规划方案，我精心思考提了意见和建议，希望能对南一片区的规划编制和未来建设有所帮助。

咨询会下午 5：00 不到就结束了。由于这个时间点比较尴尬，也就没有安排晚餐了。也许大家都比较忙，都赶着回市区，所以就匆匆告辞。返程时夜幕已微降，天光仍在。高速路上，车辆浩荡且匆忙，无边无际，各自归返。

记录完成于 2019 年 12 月 4 日 22：00
黄岩国际大酒店 1604 房间

又是满满两日的黄岩之行

2019年12月4日—5日（星期三—星期四）

照例又是星期二的傍晚5点从学校出发赶赴虹桥火车站。去年8月4日CCTV杜晓静编导采访后播出的"教授下乡"节目那次也是这一趟车次。到黄岩国际大酒店已经是夜里10：45。接站的是宁溪镇城建办主任王华。一路上我和他沟通了第二天下午召开乌岩头传统村落保护规划评审会的事项。

（一）

4日上午8：30，同济团队先去了南城街道蔡家洋村的"贡橘园"，与南城街道党工委书记陈虹讨论如何推进贡橘园北入口详细规划的事。街道办的陈虹书记、汪雄俊主任等一行早早就等候在路边迎接我。天气挺冷，令我十分感动。

协调会开得非常好，大家畅所欲言，各方均十分务实。陈虹书记的工作效率很高，对工作是全心投入，迅速召集了此次十分重要的协调会，由于平行九澄大道的江北干渠规划控制宽度的问题，我与区水利局的林局、农村局的王局、国土规划局的王科，还有民建村代表一同沟通比较方案。陈虹提出了建设性建议，把原定 40m 干渠分为 30m+10m 的分洪道方案，这样既可以保留火山的山体不被开挖破坏，而且九澄大道将来按规划要求拓宽之后的红线宽度可以保证。

黄岩乡镇基层干部这种踏实且具有效率的作风，令人感动。我想，这也是为什么黄岩乡村振兴工作得以大步迈进的重要原因吧，我由衷向他们表示敬意。此次协调结果，把保护自然山体、赓续文化内涵、保障生态安全、尊重村民意愿等作了充分结合，对推进贡橘园北入口建设工作意义很大。

会议结束之后，大家在贡橘园"好景轩"的入口门外拍了合影。正值橘子成熟丰收之际，村民采摘的很多橘子堆放在好景轩的底楼，满屋子黄澄澄的蔡家洋"本地早"品种橘子，果子虽不大，但入口十分清爽，不腻甜，有特色。

与会的区有关部门领导离开之后，我和陈虹书记、汪主任等一路检查村庄建设工作，看到新建完成的平安宫西侧村民休闲场地，一池清绿的水塘、亭子和步道、竹子等，我十分欣慰。来到亭子里边坐下看四周，村民的房子外观也整理得井然有序，比之前的脏、乱、差胜出百倍。陈虹提议让我为新建的亭子取名并书写。我当时未能想到恰当的名字，但当晚在国大宾馆的房间里忽然想到了"湫"字，水之秋色，一汪静谧的池水，就叫做"湫亭"吧。心想，待下次再去现场的时候，书法题写一下并赠之。

走着看着，时间很快到了 10：30，高桥街道已派来车在蔡家洋贡橘园南入口的停车场等候着了。于是坐上车，一行人又赶往下一站。

（二）

从南城贡橘园往西南驱车 15 分钟，一行人来到了第二站高桥街道瓦瓷窑村（为了工作交流方便，大家又简称"瓦村"）村口的戏台文化广场。这个村的乡村振兴规划建设工作始于去年春天，转眼已经一年有余。去年 8 月份的 CCTV "教授下乡"节目，我在这个村与村民和地方干部开会的工作场景也一同被录制进了节目。当时还是建设初期，村口文化广场建筑、戏台还未修建完成。一开始村民的思想并不统一，认识也十分局限。随着建设推进，特别是村民文化广场和戏台建成之后，村民看到了希望，见面的时候也多了信任和喜悦，对接下去建设的认识也统一了，对街道办事处组织的乡村振兴工作积极拥护和响应。

车到瓦瓷窑村戏台文化广场，我刚要下车，就看到街道党工委书记杨云德和他班子的几位领导，照例有张副书记、徐智龙副主任，选调干部林佳云，还有村里的村委杨主任等一群村委会干部。当然每次总是围着并跟着几个热心的村民。这两次来瓦村，我都看到了临海古建设计单位的屈文忠经理和他的助手小金。小金是一个做设计比较认真的年轻人。这几次的方案讨论让我感觉他在设计工作方面比较上心，设计能力也有了不少进步。

碰面寒暄了之后，一行人巡走了一遍已建成的文化广场建筑和场地，就像是一种路演的方式。从建筑细部到环境保洁，我总是要一次次提醒，并给出相应的改进方案。在我不断的提醒下，乡村干部和施工人员才会认识到其中的要领。

这几次来瓦村的重点工作，主要是推进其南侧靠永丰河的居家养老照护中心建设。上周的《台州日报》还专门宣传报道这一做法，为街道办事处乃至黄岩区都赢得了荣誉。这项工作无疑是十分有意义的，乡村敬老的设施十分必要。这一设施是利用村里多年闲置的厂房建筑进行改造的，增设了公共厕所、长廊、亭子。闲置的旧厂房华丽转身具有了新的功能。

对于场地中一处新建的亭子，我把它取名为"慈亭"，是因为我从过去的瓦村石碑刻文中发现了有"瓦慈窑"的"慈"的写法，而不是现在的"瓷"。刻文为实，"瓷""慈"两字通用，让我顿时有了感悟：古人把做"瓷"碗盛饭而食，视作为老天的"慈"悲。如今，这一处设施场地作为敬老服务的功能，也正应和了"慈母手中线、游子身上衣"对老人的敬爱。因此，"慈亭"就具有特殊的意义，并可以把"瓷慈文化"凝练为瓦村的乡村特色文化内涵。在与杨云德书记的交流中，就把这个亭子的名字定了下来。

"慈亭"与瓦村戏台广场上已建好的"茶亭"形成呼应。"茶亭"也得名于村民拆房找到的关于瓦瓷窑村历史文字记载的"茶亭碑记"。据村民说，历史上在瓦村戏台的附近有一处庙宇，并有一个亭子，专门为长途跋涉路径此地的人提供免费的茶水。这种义举体现了过去年代的村民的慈善友好品德。这种人与人之间的关爱，对当下的乡村振兴具有新的意义。

一行人在村里边走边讨论，很快时间到了12：10，我这才意识到早已到了午餐时间。于是驱车赶到街道办事处的食堂用午餐。席间杨云德书记说，同济来的是杨（"洋"）博士，而他只是个土专家。我想，这是他表示谦逊的说法。于是，我就回应道：我们古人造字很厉害，不管是博士的"士"还是土专家的"土"，这两字倒过来看都差不多是一样的，都是"干"，即乡村振兴是"干"出来了的，不是喊出来的！只有按习总书记说的"久久为功""钉钉子的精神"，才能把乡村振兴工作"干"好。大家听了之后都很是认同。回想同济团队从2012年底开始到黄岩参与乡村规划建设以来，已接近7年时间，正因为坚持，才有今天的一些落地实施成果，对此我深有感悟。

由于下午要准备评审汇报，所以到12：50就离开了瓦村。

（三）

中午团队一行人先从高桥街道瓦村返回国大宾馆取汇报材料。宋代军、王艺铮同时取备了行李退了房间。到13：15，宁溪镇城建办的王华主任到酒店来接，于是大家坐车一同前往黄岩住建局会议室召开乌岩头传统村落规划的评审会。

下午的评审会2：10开始，是住建局彭副局长主持的。会议通知上的25家相关单位基本上都到了。宁溪镇十分重视，镇党委胡鸥书记到场，而住建局也十分重视，杨文广局长也参会。我作了开场，宋代军博士负责汇报方案编制的主要内容。

乌岩头古村2019年6月被批准列入"中国传统村落"名录，根据要求需编制相应的规划。我率领团队花费了大量的心血开展编制工作，同时也带出了一批研究生，如王丽瑶博士生、硕士研究生二年级的秦添、张宇微，另外硕士研一的王宣儒、汪滢、南晶娜都加入了工作团队，做出了一厚本说明书和图纸，其间我对初稿修改过两遍，并辅导了硕士研一、研二的专业知识和工作方法，相信他们的收获应该是大的。这种结合实际工作的专业实习，效果十分显著。

在宋代军介绍完编制成果要点之后，我又作了总结。我提出了编制的"规范性""特色性"和"辩证性"的指导思想，特别是关于"辩证性"，主要体现在要重视传统村落保护和发展的辩证关系，在保护基础上的发展，在发展导向下的保护。通过"旧瓶装新酒"，整村保护，但又不是文物式的静态保护，而是实现功能再生的目标。规划实施的意义，要使得乌岩古村的案例努力成为实施乡村振兴战略重要的实践示范点，成为国家级传统村落保护发展的重要标杆点，成为"千年永宁"名片的重要标志节点。

（四）

第二天（5日）上午团队又开始了紧张的行程。第一站到宁溪镇乌岩头古村，查看了"利奇马"台风灾后重建工作的进展。靠近村子的一侧堤坎已经基本修筑完成，栏杆柱石和石板路面等已经重新铺就了，正等待竹栏杆的装上。村子最北侧一块的修建工作还在进行中，五间的多功能用房基本完工，室内装修准备考虑黄岩交旅投公司接手，按照沙滩村乡村振兴学院的工作模式，那样的话可以避免二次装修。村子北侧最后还剩下一处"姻缘阁"的修建。等这一块结束后，历时5年的乌岩头古村落保护和修建（2015—2020年）就将全部完成。我相信通过这一修建，将把这个村落又可传承下去至少50年吧。

上午10点过后，宁溪镇长杨毅、副书记陈鸣瑞、城建办主任王华，还有乌岩头原村办主任陈元彬、五部半山村的陈书记一行又驱车向半山村行进。由于前一天晚上团队中的宋代军、王艺铮已经由高铁返回上海，因此，我带着研究生张宇微一同前往。五部半山村已经做了规划草图，这次是进一步深入踏勘，以再次对照现状而深化完善规划方案。

宁溪镇半山村位于黄仙（黄岩至仙居）古道上，是一个几乎要消失的老村。目前村里的老房子几乎全部荒废残败，村民也几乎全部下山外出务工（仅有2~3个老人居住），是名副其实的"空心村"。虽然村子的房屋目前基本上处于坍塌的状况，但总体上几十幢老房子的点位所围合的空间关系很有意思。房屋实体建筑之间的"空""无"的空间关系十分耐人寻味。

这种住宅建筑群整体空间关系是几代人上百年相处经营

的结果，时间岁月在其中诠释了当时户与户之间的社会关系、家族关系，这种社会关系的空间"契约"应该具有独特的价值和意义，空间关系是社会关系的反映，是社会关系的结果。同时，这种与周边山水自然条件相照应的村子空间关系也表现出层次丰富的空间艺术。

因此，如果能够通过规划设计和建造整修，保留好原有建筑点位的关系，并注入新的功能，将会是非常有意义的事。考虑到今后的功能再生，我采用"名家村"——"五部半山名家村"的理念，复活这一村落的新的使用，给黄岩区委、区政府作为"名家工作室"、尊重人才、吸引人才的地方，取名为"半山半水泮云间"的营销品牌。当然，在经营上也将与市场经济效益相结合，灵活组织安排：这个计划将会历经3~4年，届时，会成为与乌岩头古村不一样的乡村振兴类型。

（五）

中午一行人在宁溪镇政府食堂午餐，遇到在镇里开展主题教育宣讲的区委宣传部副部长李友斌，于是大家一起共进午餐。他原是头陀镇党委书记，在他任上，他把我邀请到头陀老村搞乡村振兴。这是个非常有情怀、做事认真且有理想的书生型官员，因我们好久未见，相谈甚欢，合影留念（图25）。

午餐后没有休息，我带领研究生就直接往屿头乡沙滩村，与屿头乡党委陈康书记等仔细查看了"粮宿"的室内装修和

图 25　宁溪镇镇政府院内合影

（左起：杨毅、胡鸥、杨贵庆、李友斌、陈鸣瑞。照片由宁溪镇提供）

设施配置情况，提了改进意见。下午 4：00 一行人又赶往头陀镇头陀老街。镇党委书记黄革军从区里开完会及时返回镇里与我碰头。大家一起讨论既有的建设情况和下一步乡村振兴计划。虽然天气骤暗，但他仍然兴致勃勃地带我去查看老街东边的粮库建筑群，讨论改造的可能。这个区块在原有我做的规划方案中早已确定为文化创意社区，以吸引黄岩区的年轻人。他能够充分关注这一区块的改造，让我十分高兴。因为这一区块对未来村庄产业和文化发展很有意义，可成为"中华橘园文创基地"。

　　在头陀镇食堂简单用过晚餐之后，就匆匆赶往高铁站坐19：28 的车返沪。

两天的行程满满当当，身体虽疲劳，但内心却十分喜悦。我满怀感恩，因为时代和命运能够让我全身心地投入钟爱的事业，忘我欢畅地热爱这片土地，并可通过规划设计和营造智慧让衰落的乡村重新焕发生机。我知道，这是十分幸运的，因为有不少人由于种种原因而做不到学以致用，或心有余而力不足，做不了。因此，我应趁着壮年，尚未年老，再坚持一下，坚持下去，或将看到丰硕的果实吧。

记录完成于 2019 年 12 月 9 日 19：05
同济联合广场添秋季工作室
（经几天陆续记录完成）

赴山城重庆

2019 年 12 月 6 日—8 日（星期五—星期日）

应几周前重庆大学建筑城规学院党委书记李和平教授之邀，我又来山城重庆，参加"第四届山地人居环境可持续发展国际学术研讨会"。这个会由重庆大学建筑城规学院主办，之前的第一届是已故的重庆大学城乡规划教授黄光宇先生倡导的，已经很多年没有举办，现在又重新拾起来。主办方想是重塑重庆大学山地人居环境规划学科的品牌吧。作为中国城市规划学会山地城乡规划学术委员会副主任委员的我，且是同济大学城市规划系现任系主任，参加此会一来是学习，二来也是对兄弟院校学术活动的支持。所以我只得牺牲周末双休日两天本应陪伴家人的时间，前来感受学术活动的氛围，也期待能够学习一下前辈和同行的学术耕耘成果。

第一天上午的主旨发言安排了 7 位嘉宾，分别是来自日本九州大学人居环境学教授赵世晨先生谈"山地城市步行空间的可达性与连续性"，重庆大学建筑城规学院张兴国教授谈"历史文化名镇保护与山地环境"，英国卡迪夫大学中英生态城市与可持续发展研究中心主任于立教授谈"城市转型与治理及空间规划的困惑"，英国前环境局政策主管 Peter Madden 教授谈 Harnessing Digital Technologies for Better Planning: Lessons from the UK，美国内布拉斯加大学林肯分校建筑学院景观系系主任 Mark Hoistad 教授谈"Sustainable Urbanism in the Face of Change and Complexity"，中国文化大学环境设计学院院长杨松龄教授谈"区域空间规划与课题——台湾之经验"，加拿大卡尔加里大学 Alan Smart 教授谈"Precious and Precarious: The Role of Housing in Increasing Precarity for Migrants in Hong Kong"。上午的主题发言安排得较多，且嘉宾演讲热烈，控制不了时间，所以到中午 12：45 才结束。

下午的论坛有 3 个平行分论坛组成（图 26），分别是"山地城市空间形态与设计""山地城市社区发展与更新""青年论坛"。我在"山地城市社区发展与更新"论坛，一共 9

图 26　分论坛会场

（照片由杨贵庆提供）

人发言，分为上、下两个半场。我被安排在上半场第一个发言，谈"新时代我国城市社区规划的发展"。这个演讲内容主要基于《城市规划学刊》上发表的与博士生房佳琳和何江夏合写论文，另一部分是源于上海2035年新一轮城市总体规划社区发展与规划的课题研究成果（与上海同济城市规划设计研究院王颖等带领多位教师和研究生一起完成），把基于中国大陆改革开放40年以来的社区政策、理论探索和重要实践进行了梳理，并对未来城市社区规划重点予以了阐释。

在演讲开始，我向听众作了一些说明，介绍自己学术研究的重点关于"Social"和"Spatial"的相互关系，并侧重在社区层面，包括社区的两个扇面：城市社区和乡村社区。这些年来，我的研究一直贯穿"社会"与"空间"的关系，并专注空间规划干预对重塑社会关系、促进美好人居的积极影响。

这次参会值得记录的是晚上学术活动板块："中国民居建筑大师论坛"，地点同样是在重庆大学建筑城规学院大楼内5223"国际报告厅"。我傍晚匆匆用完了自助餐便来到报告厅选位坐下。晚上7：00开始，来了3位有一点上了年纪的学术大咖，其中有两位应该有65岁以上了。分别是：厦门大学建筑与规划系戴志坚教授，讲"福建传统民居与古村落"；华南理工大学建筑学院陆琦教授，讲"粤中广府民系民居特色"；以及西安建筑科技大学建筑学院教授、建筑与环境研究所所长王军先生，讲"西北民居及其生存智慧"。

或许是自己内心对传统民居和聚落有着比较深的热爱吧，

所以我对这个主题板块十分期待和热衷。演讲人讲到了民居的"空间秩序"，其类型、形态，无不是基于社会秩序和生存智慧的反映，尤其是在当时生产力水平十分落后的情况下，主要是面对生存、繁衍和安全的挑战。王军教授特别谈到我国降雨400毫米线对于传统农耕社会的主要区别：400毫米降雨线以上的，主要是种植业，而以下的，则为放牧；这是区别旱作农业和绿洲农业（灌溉）的根本。西北民居面对生存的压力远比江南要严峻得多。民居的生存智慧中显示出先人"应对气候、适应材料"的显明特点。

不论是厦大的戴志坚教授，还是西建大的王军教授，还有今天上午主旨发言的重庆大学的张兴国教授，他们的PPT中都放了大量的、十分精彩的民居群落照片，让人震撼。我深感中华文明在民居群落中的集中体现，更深感保护和传承、创造性转化、创新性发展的重大意义，否则，在快速城镇化滚滚车轮下，大量传统村落已经、正在和将要被碾压而摧毁，令人十分痛心，也令人急迫。

记录完成于 2019 年 12 月 15 日 15：15
同济联合广场添秋季工作室

老专家老朋友老同学汇聚临朐

2019 年 12 月 11 日（星期三）

12 月 10 日夜晚从上海飞赴青岛，并坐车高速公路夜抵临朐，为的是第二天的专家评审会做汇报。这次汇报的三个项目，均是由我牵头的几个临朐县城重点规划项目：一是临朐城市风貌规划和城市设计概念性规划，二是城市核心区双修规划，三是海岳新区控制性详细规划和城市设计品质提升规划。前两项主要与上海同济规划院王颖女士（国土空间规划院副院长兼一所所长）合作，所以王颖副院长和郑国栋副所长也一同出行，我这边"教授工作室"有宋代军高级工程师，一行 4 人。

11 日（周三）上午 9：00 集合，先是驱车到位于市中心的朐山顶上登塔俯瞰全城。入冬的临朐，天气还分外晴朗，这对眺望西北方向的粟山提供了很好的机会。"一河两山"是临朐山水城廓的核心风貌价值，需一代代人加以重点保护和控制，并积极谋划激活弥河两岸的业态、生态活力，塑造良好的城市空间格局。

还好是临朐县规划编研中心的高燕女士提醒，专家和规划团队一行在下山之前合了影。照片上的这些人平时是难得

图 27　与会者现场考察合影

（左一：郑国栋；左二：王颖；左四：杨德智；左五：孙守勤；右四：柴宝贵；右三：孙共明；右二：杨贵庆。照片由杨贵庆提供）

聚在一起的，所以对于当事人来说都比较珍贵（图 27）。

随后驱车去城区主要大街进行了考察，到上午 10：15，大家进会场入座，开始了规划成果汇报会。在主持人开场之后，我作为编制单位先作了发言，之后郑国栋副所长作了前两个项目的汇报，宋代军高工又作了海岳新区规划汇报，王颖副院长作了补充说明，最后，又回到我这边来收尾。中午餐之前主要就安排了汇报环节。专家提问和评审环节放在下午 2：00 开始。本来预计下午 4：00 结束，并可有机会我带领专家去考察寨子崗村。但会上专家意见反馈十分深入、细致，直到下午 5：30 才结束全部议程，形成了三份专家意见结论。所以，会议结束后就直接晚餐了。当晚王颖、郑国栋和宋代军三人取道潍坊机场当夜坐飞机返回上海。

这次受邀评审会专家共 5 位，可谓是"老专家、老朋友、老同学"。

"老专家"是柴宝贵先生，曾是山东省城乡规划设计研究院的院长，现在已退休。当年（大约 1995 年）同济大学陈秉钊教授带领我一起负责潍坊市远景规划项目，最后评审阶段专家中就有他。当年编制潍坊市远景规划在山东全省乃为首创，甚至在全国也未听闻，所以评审阶段潍坊市十分重视，邀请了曾任国家建设部（规划司）总规划师的陈晓丽担任评审组长，成员还有曾任山东省建设厅总规划师的杨律信，山东省建设厅规划处原处长昝龙亮，还有就是柴宝贵院长。时光飞逝，一晃 24 年过去，他是 1952 年生，与我系赵民教授同年，也已 67 岁。这次作为评审组长，这一次见面，我俩一开始是在宾馆住处 5 楼电梯厅过道不期而遇。他见到我，也十分感叹，因为当年我才 29 岁，曾经满头乌发，而如今白发已过大半，不禁嘘唏，但大家见面仍然满是欢喜。

评审委员里的"老朋友"，是潍坊市规划界的两位老朋友。一位是孙守勤局长，目前任潍坊市规划国土资源局党委委员、林业局局长。另一位是孙共明主任，目前任潍坊市规划编制研究中心主任。也是当年做潍坊市远景规划时认识他俩，之后陆陆续续见过多次。当年他俩都在潍坊市规划设计研究院工作，孙守勤任规划院总工办主任（总工程师是吴永春先生），孙共明在一个规划室任主任。他们作为同济大学编制规划的合作单位代表。只可惜当年大家对规划报奖并不太重视。如果积极争取申报的话，潍坊市远景规划项目成果拿到全国城市规划设计优秀奖应该是有可能的。不过，后来陈秉钊教授撰文在《城市规划学刊》上发表了"远景规划"的核心成果，而且，关于"远景规划"的作法被列入了之后在全国执行的《城市总体规划编制办法》专门条款，即规定编制城市总体规划的工作成果，必须要有一张"远景规划图"。后来，"潍坊市远景规划"在《城市规划原理》（教材）中被列入作为重要案例，来阐释对城市发展更长远时空的谋划。

这次评委中的"老同学"，是现任山东省城乡规划研究院党委副书记、副院长的杨德智。他是在同济大学1984年入学的"八四城规一班"，与我同班级，并且他的学习座位就在我的斜前方。当时本科学习时，设计课专用教室在同济教学北楼二楼靠中间楼梯的一个教室，我坐在最后一排，记得最后一排还有赵广辉，其他人我记不太清楚了。杨德智本科毕业之后就直接到了山东省规划院，从毕业年份1988年到现在，一晃31年。其中我们也见到过几次，同学聚会或全国规划学会年会，但像这次一整天在一起参加评审活动还是第一次。老同学见面甚为亲切。时光太快，老同学之友谊，日久如醅酿。

当天上午项目汇报结束之前，我对临朐的这三个项目又做了重点概况说明，现摘要如下。

一、关于"城市风貌规划"中的临朐城市风貌定位

对于美好城市品质的理想和追求，体现于临朐城市风貌规划之中，努力塑造未来优秀的品质，体现城市的"精、气、神"。城市风貌规划提出"城市风貌名片"，作为城市文化灵魂。把临朐城市风貌特点归纳成四个表述共16个字，试图概括其自然地理地貌特征和人文特质：

"沂山临城、粟风朐水、骈驰文武、邑古弥新"。

其中，"沂山临城"是点出了大的区位、方位，说明临朐之城与沂山的邻近关系，临朐之城面临着南部的沂山，沂山在临朐境内。此处的"临"既是"面临"（作为动词），又是"临朐"的"临"，点出城市名称。其中一句"粟风朐水"乃为临朐城市"一河两山"的总括，其"粟"乃"粟山"，"朐"乃"朐山"，"风""水"乃是先人择城池之格局，它也突出地反映出临朐城市核心区的空间格局。这两句的上、下分别隐含了"临""朐"两字。接下来是"骈驰文武"，"骈"是临朐之古称，"文""武"乃突出了临朐文化大县、武将、军人倍出的特点。"驰"此处为快马驰骋，形容"骈"地大道通畅，这一句是临朐非物质文化遗产的特征概括。最后一句是"邑古弥新"，反映了临朐未来发展的城市建设目标。其中"邑"与"古"倒装，为了对应上句的"骈"，形成"骈邑"两字与临朐古称之对照，"弥"既是"更加"，又是"弥河"的代表，"弥新"对于"古邑"，是保护、传承和更新发展之意。

在上述定位研究的基础上，形成了本次风貌规划的5个

工作层次，即：①风貌定位；②风貌结构；③风貌分区；④风貌节点；⑤风貌策略。

二、关于临朐核心区"双修"规划

开展核心区"生态修复""城市修补"之"双修"，倡导城市空间的品质化，提升"精致化"水平，为近期风貌建设提供"点穴"策略，塑造文化灵魂。例如，通过创建和改造而形成一条可步行的街道，让不同的人可以感受、体验城市户外生活，城市高品质发展让市民有直接的、更多的获得感，提升对所居住城市的自豪感。

三、关于"海岳新区"控规和城市设计提升项目

之前看到美国哈佛大学设计研究生院（Graduate school of Design，GSD）曾任院长 Moshen Mostafavi 等编写的《生态都市主义》（*Ecological Urbanism*），为什么我们不可以有一个"山水都市主义"的提法？这个灵感是在为海岳新区5平方千米方案构思草图时冒出来的。于是，贯穿"粟风朐水、舞动海岳"方案的是"山水都市主义"的理念，这个方案是一种创新探索。

（1）进一步落实城市核心区"一河两山"风貌结构，严格控制粟山与朐山之间的视线通廊，结合山水脉络、商业开发效益、现代生活品质引导为一体，综合考虑空间布局。

（2）提倡混合式开发，开发方式的多元化。在土地划分使用、多样化、小尺度公共空间营造方面，以人民为中心，强调城市建设空间提供居民的获得感。同时，修改路网，调

整建设用地比例结构，在满足规范标准的前提下，提高土地使用效率。

记录完成于 2019 年 12 月 15 日 18：30
同济联合广场添秋季工作室

赴清华园三谈城乡规划教育教学

2019 年 12 月 12 日（星期四）

　　一大早从临朐出发，到青州火车站，坐高铁赶赴北京，为的是参加当天下午 2：00 在清华大学建筑学院召开的"2019 第三届城乡规划学科发展教学研讨会"。这已是第三届了，前两届分别是 2018 年 12 月 13 日在清华大学召开的第一届，之后是 2019 年 5 月 22 日在同济大学召开的第二届。这个基于清华、同济两校间城乡规划学科的教学交流，是在武廷海教授上任清华大学城市规划系主任之际，我俩就约定过的，我们真心希望通过两校两位系主任牵头，在规划教学上一同努力，在全国起到引领作用。

　　高铁到北京站是中午 12：30，坐的士到清华园。同济的卓健教授（副系主任）、庞磊、程遥、沈尧陆续赶到。会议是在清华大学建筑学院的底层资料室举行（图 28）。武老师率众若干人早早地准备好了会场，还准备了水果、咖啡。清华方面参加的有学院党委书记张悦教授，刘健副院长也到场，她打趣说是专程为了会一下卓健老师的。清华规划系方面参加的还有黄鹤、王英、唐燕、刘佳燕、梁思思、陈宇琳。清

图 28　研讨会会场

（照片由规划系办公室提供）

华规划系除武老师一位男士外，坐着一排皆为女将，看来清华规划系系务班子做事的女老师占了绝大多数。

　　会议按照之前两次的程序，由东道主开场。武廷海系主任和我共同主持，张悦书记代表学院致辞。我亦代表同济规划系再次说明了对本次会晤的认识与理解。特别是说到"站在历史节点上"看待城乡规划学科的发展，如何更好地发挥城乡规划学科的社会责任，我的发言概要如下：

　　一、站在新时期，回顾过往，我国城乡规划学科的发展，其经验、教训、问题是什么？应加以归纳。历史发展证明，只有重视城乡规划，才能使城乡发展有序、科学合理地发展，如果不重视，就会产生严重问题。新时期我们要更加重视城乡规划发展和其发展的连贯性。

二、立足当下，城乡规划学科和教育教学如何进行自身的改革完善。作为一门重要的学科，城乡规划如何在生态文明时代促进现代化国土空间规划体系的建构？

三、站在新时期，面向未来，城乡规划学科如何为实现两个一百年奋斗目标做出学科的重要的和独特的贡献？

总体上看，站在新的历史发展时期，城乡规划学科应如何对实现"中国梦"做出历史性响应？当今城镇化处于特殊的发展阶段，面对社会、经济结构巨变，对于美丽国土、美好城乡、美好人居，城乡规划学科如何更好地发挥规划支撑作用、规划引领作用和规划服务作用？

双方交流研讨的目的在于：对城乡规划学科的知识体系、教学体系有更深认识。关注城乡规划作为核心学科的内涵，适应高质量发展的要求，在服务于社会、经济发展时大显身手，适应国土空间规划的迫切需求，并不断拓展新的领域，发挥能动性。特别是要关注：

（1）城乡演进过程中自身客观规律的认识；

（2）人居环境内在的、本质的规律，如何践行"以人民为中心"；

（3）社会、经济、人文作用于空间的特定规律。

新时期城乡规划教育教学和人才培养的三个着力点：

（1）深入探索城乡规划学科对城乡空间发展规律的认知，着力建构城乡规划的知识体系；

（2）积极完善城乡规划学科对城乡空间规划干预的方法，

着力建构城乡规划的方法体系；

（3）努力提升城乡规划学科促进高质量可持续发展的能力，着力建构城乡规划的能力体系。

关于人才培养，应具体落实到教学改革中，包括培养计划、培养方式、课程计划。原则上把握好几个关系：

（1）把握好本科培养与硕士研究生培养的关系；本科培养关注什么？硕士培养关注什么？本科关注基本核心，空间本体，研究生关注不同方向，不同需求，知识复合、多样、多元的叠合；

（2）把握好"核心能力"和"多元选项"的关系；

（3）把握好本学科与多学科、跨学科融合的关系；

（4）把握好规划师"单兵作战"和群组协作的关系；

（5）把握好规划的单一方向论证和整体性综合决策的关系。

下午的会议一直开到 5：00 结束，清华方面提供了外送快餐，边吃边进行会议纪要的讨论成形。如前两届一样，会议讨论的结果将凝练成一段类似"宣言"的文字，以会议新闻报导的形式发出。由于这次是在清华召开，所以按约定这次是由清华方面拟定先发。每次会议之后发新闻稿的效率都是很高。第二天 13 日，报道就见清华公众号微信推送了。

记录完成于 2019 年 12 月 29 日 15：40

同济联合广场添秋季工作室

附录：第三届两校城乡规划教学研讨会微信公众号推送

2019 第三届城乡规划学科发展教学研讨会
在清华大学召开

清华大学建筑学院城市规划系 2019-12-13

2019 年 12 月 12 日，第三届城乡规划学科发展教学研讨会在清华大学建筑学院召开。来自清华大学城市规划系和同济大学城市规划系的 15 名教师充分交流了两校规划教育教学和人才培养的经验，深入探讨了未来城乡规划学科发展的方向（图 29）。

清华大学建筑学院党委书记张悦教授对同济大学同行的到来表示热烈欢迎。同济大学城市规划系系主任杨贵庆教授，副系主任卓健教授，系主任助理庞磊讲师，系主任秘书程遥助理教授、沈尧助理教授，清华大学建筑学院副院长刘健副教授，城市规划系主任武廷海教授，副系主任田莉教授、王英副教授、黄鹤副教授，以及唐燕副教授、刘佳燕副教授、陈宇琳副教授、系主任助理梁思思副教授等出席了研讨会。研讨会由武廷海教授和杨贵庆教授共同主持。

与会教师认为，要系统总结我国七十年来城市规划发展的经验与教训，在深化细化国家规划体系与机制过程中，自觉改革和完善城市规划，更好地发挥规划学科对人居高质量发展与城乡治理现代化的支持、服务和引领作用，积极服务

图 29　参会者合影

（前排左起：唐燕、黄鹤、王英、刘健、田莉、程遥、刘佳燕；后排左起：庞磊、梁思思、沈尧、张悦、杨贵庆、武廷海、卓健、陈宇琳。照片由规划系办公室提供）

于美丽国土建设，规划美丽城乡，聚焦美好人居，共筑美好家园。

与会教师交流了规划教学与人才培养的心得体会，呼吁进一步加强以人为本、人与自然和谐共生的价值塑造，加强人居高质量发展和城乡治理现代化的能力培养，加强城乡发展规律认知与空间品质提升的知识传授。

第四届"城乡规划学科发展教学研讨会"计划于 2020 年夏季在同济大学召开。首届研讨会于 2018 年 12 月 13 日在清华大学召开，第二届研讨会于 2019 年 5 月 22 日在同济大学召开。

面向国土空间规划体系改革新形势
2019 城乡规划学科发展教学研讨会在我院召开

同济大学建筑与城市规划学院 2019-05-23

2019 年 5 月 22 日上午，城乡规划学科发展教学研讨会在同济大学建筑与城市规划学院召开（图 30）。为积极响应生态文明理念和新时代城乡高质量发展要求，面向国土空间规划体系改革的新形势，来自同济大学城市规划系和清华大学城市规划系的十余名教师探讨了新形势下城乡规划学科建设发展与教学改革问题，深入交流了两校规划教学经验和教学合作。

同济大学建筑与城市规划学院党委书记彭震伟教授、副院长张尚武教授，对清华大学同行的到来表示热烈欢迎。清华大学出席研讨会的教师有：建筑学院城市规划系系主任武廷海教授、副系主任王英副教授、副系主任田莉教授、副系主任黄鹤副教授。研讨会由同济大学建筑与城市规划学院城市规划系系主任杨贵庆教授主持，同济大学出席研讨会的教师还有：城市规划系副系主任耿慧志教授，系主任助理兼同济大学住房与城乡建设部干部培训中心常务副主任张立副教授、系主任助理庞磊讲师、系主任助理朱玮副教授、系主任助理杨辰副教授、陈晨副教授等。与会教师围绕国土空间规

图30　参会者合影

（左起：陈晨、庞磊、张立、耿慧志、王英、彭震伟、武廷海、杨贵庆、田莉、黄鹤、杨辰、朱玮。照片由赵贵林提供）

划新形势下的城乡规划学科建设和未来发展、课程设置、设计课教学交流等问题进行了深入探讨，一致认为：

一、国土空间规划是城乡规划实践的重要领域，城乡规划学科发展要适应国土空间规划的时代要求，放眼美丽国土，规划美丽城乡，聚焦美好人居，共筑美好家园。

二、适应国家不同部门对国土空间规划编制、实施、监督和城乡人居环境建设、管理等多类型高层次人才需求，因势利导地推进城乡规划学科发展，培养新时代卓越规划人才。

三、以人居科学理论为指导，创造性地发展城乡规划科学理论与技术方法，加强城乡规划学在国土空间规划领域的实践应用，为国土空间规划提供坚实的学科支撑。

四、积极开展国土空间规划知识体系建设，促进相应的城乡规划课程教学改革，鼓励教学过程中的交流与合作，加强学科之间的交叉融合，广泛吸纳学术同道探讨教学中的迫切和重大问题，促进城乡规划学更好地满足新时代国土空间规划的知识与技能需求。

这是同济大学城市规划系与清华大学城市规划系联合召开的第二届"城乡规划学科发展教学研讨会"，首届研讨会于2018年12月13日下午在清华大学召开。

附录：第一届两校城乡规划教学研讨会微信公众号推送

探讨新形势下城乡规划学科发展与教学改革，城乡规划学科发展教学研讨会在清华大学召开

中国城市规划 2018-12-14

供稿单位：清华大学城市规划系

2018年12月13日下午，城乡规划学科发展教学研讨会在清华大学召开。面对城乡高质量发展的时代要求，以及规划体系改革的新形势，城乡规划学科必须积极应对，来自清华大学城市规划系和同济大学城市规划系的十余名教师深入交流了两校规划教学体系和教学经验，并探讨了新形势下城乡规划学科发展与教学改革问题（图31）。

中国城市规划学会学术工作委员会副主任委员、清华大学城市规划系系主任武廷海教授，和中国城市规划学会山地城乡规划学委会副主任委员、同济大学城市规划系系主任杨贵庆教授分别主持了教学体系与经验交流、城乡规划学科发

图31　参会者合影

（左起：朱玮、黄鹤、王英、卓健、耿慧志、张悦、杨贵庆、武廷海、程遥、谭综波、钟舸、唐燕、梁思思、郭璐。供稿：梁思思）

展与教学改革环节。中国城市规划学会城乡治理与政策研究学委会委员、同济大学城市规划系副系主任耿慧志教授，同济大学城市规划系副系主任卓健教授，以及中国城市规划学会青年工作委员会委员、清华大学城市规划系副系主任黄鹤副教授，清华大学城市规划系王英副教授分别介绍了两校规划系本科生与研究生教学体系。与会教师围绕培养计划、课程设置、设计课考核、通识教育等问题进行了深入探讨。

与会教师一致认为，城乡规划学科要直面人民日益增长的美好生活需要，聚焦美好人居建设，积极务实地推进城乡规划教学改革，培养适合新时代需求的城乡规划专业人才，主要包括：

第一，以美好人居为基本价值理念，深入探索城乡发展客观规律，推进以人居科学为引领的学科体系和课程体系建设，促进全面发展的人才培养模式。

第二，积极应对国家规划管理机构改革，开展以城乡空间规划和城市设计为核心的规划教学改革，在坚持以规划设计为本体、加强规划设计能力训练的同时，拓展现有规划知识、理论、技术方法和实践应用，提高专业人才的特色和对未来职业的适应性。

第三，坚持世界眼光、中国特色，积极开展国际学术交流，培养学生的国际视野和战略谋划能力，为国家更高层次的人才培养打好基础；面向全国规划院校，探索教师进修计划，为规划学科的全面发展和振兴做出贡献。

第四，以清华大学和同济大学城乡规划学科合作为基础，广泛吸纳学术同道，针对学科建设与教学中的迫切和重大问题形成若干研究与教学小组，开展专题研究和探讨，建立城乡规划学科发展合作交流的长效机制。

清华大学建筑学院党委书记张悦教授，中国城市规划学会理事、清华大学规划支部书记谭纵波教授对同济大学同行的到来表示热烈欢迎。中国城市规划学会城市设计学委会委员、清华大学建筑学院教学办主任钟舸副教授，中国城市规划学会控制性详细规划学委会委员、清华大学城市规划系副系主任田莉教授，系主任助理梁思思副教授，中国城市规划学会城市更新学委会副秘书长、清华大学唐燕副教授，郭璐助理教授，以及同济大学城市规划系系主任助理朱玮副教授、系主任秘书程遥助理教授等出席了研讨会。第二届"城乡规划学科发展教学研讨会"计划2019年春季在同济大学召开。

上海大都市乡村人居环境的未来

2019 年 12 月 13 日（星期五）

  为期一年的上海市住房和城乡建设委员会科学技术委员会的科研课题到年底举行了"结题评审会"。会议在上海市住建委科技委大楼举行。课题的名称是"大都市乡村人居环境功能重构与品质提升战略研究"。这之前，课题举行了开题论证、中期汇报和结题前汇报等多个环节。研究过程中得到了多位专家的指导。这次评审会也不例外，在专家席就坐的除了住建委科技委的领导如管伟主任之外，还有戴晓波、任福明、张金元、吴祖麒等多位专家。

  课题组宋代军、王艺铮、博士研究生王丽瑶等一起参加。出乎意外的是，王祯也来参加了。之前他是我的硕士研究生，毕业之后在我工作室团队工作了多年，现考入上海交通大学管理工程方向的博士研究生在读。他应该是参加了他导师上海交通大学陈杰教授的课题，所以作为成员也参会。不过也许陈杰教授太忙没有亲自参加汇报，他的另一名助手代为汇报了。

  我代表同济研究团队作了汇报。虽然课题组宋代军、王

图 32　评审会现场

（照片由杨贵庆提供）

艺铮等作了充分的材料准备，但面对诸多高水平同行专家，我还是重点把这项科研课题研究的重点、创新点内容进行了强化，突出了作为上海超大城市、国际化大都市郊区的乡村人居类型的特殊性和未来功能，有别于浙江、江苏等省份，更不同于欠发达地区的乡村。会场不大，对面位置感觉比较近，所以讨论和反馈也显得十分聚焦（图 32）。

　　这一科研课题的选择和确定是由我提出自报的，2019 年年初得到了上海市住建委科技委的高度重视，可能鉴于我在这一领域长期积累和研究成果，也或许得益于同济大学城乡规划学科在这一领域的学术地位吧，市住建委科技委把我申报的选题确定了下来。

　　这一课题的关键词有几个重点：大都市地区、人居环境、功能重构、品质提升、战略，这五个关键词反映了区域化、战略化的进程中上海超大城市地区乡村的独特性。但同时也应区分未来的愿景角色和目前现状困境之间的差距，仍旧需要近、远结合；此外，即使是目前和近期的发展对策，也有多种不同类型和基础的差异，课题列举的崇明、青浦具有生态环境敏感和保育的特点，也不可能代表全部的样本类型。再者，该课题还要区别于其他部门，并要突出住建委系统参与上海市乡村振兴的契入视角和路径，不可能包揽全部。

经过大半年的研究，我的课题组提出了4页纸的"专家建议"，凝练了对课题研究的总体思路、结论。这一结论目前是阶段性的，因为课题本身是作为"十四五"的"预研究"课题，还有不少有待深化、细化的地方，而且类型、样本的调查研究仍十分有限。作为一个研究的框架和视角，应该有一定的贡献，特别是在研究思路、趋势判定和模式构建方面，应该具有一定的指导意义和参考价值。课题研究提出的核心建议如下。

在长江经济带与长三角一体化等国家战略推进中，上海大都市乡村人居环境功能重构与品质提升成为上海市高质量发展的必要环节。针对城乡资源流动体制障碍、用地减量化限制乡村发展、村集体经济薄弱、乡村政策针对性不强等重大问题，课题提出宏观、中观与微观方针联动对策。宏观方针聚焦"农、旅、文、康、教、研"，中观方针聚焦"净、绿、亮、美"，微观方针聚焦"房、路、园、水"。重点做好上海乡村人居环境功能重构、品质提升和机制完善3项重大任务。

让上海乡村人居环境功能重构与品质提升成为上海乡村振兴的关键抓手，突出上海乡村振兴的特色和亮点，推动上海乡村振兴走在全国前列。

汇报会之后，专家们总体上是十分肯定的，并提出了很好的建议，扩展了思路。但仍然可见，一些专家观点不十分一致，有的专家看法还有待商榷，但这也反映了当前在上海市决策层对此问题的不一致看法。希望我们的战略研究建议尽早能传递到决策层。

专家意见中，来自上海市委研究室地区处的吴祖麒处长提出了几点看法颇有见地，我深有同感。他指出：（1）在定位上是否可以更高一些？他赞同乡村功能转型的趋势和价值，对"研"的功能转型可进一步拓展，作为科研功能方向，可以拔得更高。（2）强化乡村振兴动力的改革举措，可否更加完善一些？例如：乡村土地入市的问题，宅基地政策，城市要素下乡的保障，产业下乡的激励机制如何，乡村集体经济如何可持续发展等。

总之，这个汇报会不仅对我的团队厘清思路、开辟研究领域很有帮助，而且更重要的是，其研究成果将会发挥较大的作用。结题之后，我希望能尽快理出论文头绪，争取早日在专业期刊上发表出来，以发挥更大的决策支持作用。

记录完成于 2020 年 1 月 28 日 10：00

同济绿园添秋斋

创新交叉团队第二期启动

2019 年 12 月 30 日（星期一）

酝酿已久的同济大学城乡规划学高峰学科"城乡协调发展与乡村规划"（Coordinated Urban Rural Development and Rural Planning）创新交叉团队（Inter-disinplinary and innovative Lab）第二期启动会今天终于召开了。

上一期是 2015—2017 年 3 年期，美国旧金山州立大学的 Richard LeGates 教授作为国际 PI 和赵民教授 (作为国内 PI) 共同领衔，组织了一批学者老师团结奋战出色地完成了科研任务。但由于 LeGates 教授年事已高，无法达到团队 PI 年龄 70 岁上限年龄限制的要求，所以第二期无法正式启动。而且，国内这边原同济 PI 的赵民教授也已到退休年龄，无法继续担任。

2018 年由赵民老师提议推荐，我通过报名评审而担任高峰团队第二期同济校内 PI。但由于团队国际 PI 缺位，所以 2018 年未能如期启动。期间我也费了不少气力找寻合适的国际 PI。这次也是因为赵民教授推荐，盛邀在美国执教的潘起胜教授出任国际 PI。期间也因为任职手续上的种种问题，几经周折，终于潘教授与同济大学签约了三年任期。尽管高峰团队第二期的时间已过大半，但仍符合学院制定的启动要求。于是，2019年12月底启动。接下来的2020年，各成员尚有一整年的时间开展高峰团队的学术活动，从各方面推进这一主题的工作。

启动会就在学院C楼512室举行，由我主持。团队专门聘请赵民教授作为第二期专家顾问，这是对赵老师一直以来的贡献和团队引领作用的一种尊敬。赵老师表态说，他将会发挥指导年轻教师科研发展的积极作用。

启动会上，团队每个老师分别发言，分享了各自最近研究成果和动态，促进互相了解，并谋求合作科研的机会，商量接下去的工作建议。团队国际PI潘起胜教授、骨干颜文涛教授、峦峰教授、张立副教授、陈晨副教授、程遥副教授都参加了。团队构架中还尚缺1名国际骨干，2个博士后位置空缺。接下来我将积极扩展研究队伍，发掘并招聘比较适合的年轻人才。启动会结束时大家兴高采烈地合影（图33）。

我在结束前的发言归纳了4点建议：

（1）团队的科研学术目标应聚焦在城乡协调和乡村规划方面，关注研究工作与年终考核目标的契合性，重点在人才计划、发表核心期刊论文，以及与学科评估成果指标的关联度，重点在著作出版、国家级科研课题申报、评奖获奖、标志性理论成果、理论建树等方面发挥更大的作用；

（2）每年团队活动两次。活动初步定在4月下旬、11

图 33　创新交叉团队（第二期）启动会合影
（左起：栾峰、陈晨、程遥、杨贵庆、赵民、潘起胜、张立、颜文涛。照片由杨贵庆提供）

月下旬各一次，以公开学术研讨会方式，或专题学术讨论，请各位团队成员组织各自的博士生、硕士生参加，每次活动提前做好宣传通知；

（3）准备好团队科研业绩评估的年度报告。团队秘书由程遥副教授担任，申报和业绩评估材料交由她汇总；

（4）有计划积极使用好科研费用。提前做好经费使用计划申报，包括聘请专家讲座酬金、会议差旅、小型设备、出版计划，等等。

我衷心希望创新交叉团队第二期的建设，能够推进具有中国本土特色城乡规划（特别是乡村规划）理论成果的诞生。作为团队的 PI，我应该肩负起这一责任担当。

记录完成于 2019 年 12 月 31 日 16：00
同济大学 C 楼 512

国土空间规划背景下的城乡规划专业教学

2019 年 12 月 31 日（星期二）

面对国家空间规划体系的改革，城乡规划学科如何应对？课程设置、知识结构、人才培养、能力建构如何与之适应？在同济大学建筑与城市规划学院 B1 会议室，城市规划系开了一次内部教学研讨会，把全系相关本科教学的主讲老师都召集在一起，系统全面地研讨如何面对新的形势和国家相关机构重大改革调整之后的学科专业教学事项（图 34）。

会议专门邀请了规划系所有 A 岗责任教授参会。全系 8 名 A 岗教授 7 名到场，分别是吴志强、唐子来、周俭、潘海啸、彭震伟、王德和我本人。孙施文教授未能参加。原已退休的 A 岗教授赵民也受邀参会。吴志强副校长由于要参加学校的会，所以他先发表了重要意见。他走了之后唐子来教授才赶到。因此，他们两人的发言彼此没有听到。会议整整开了 4 个多小时，一直到中午 12：45 结束。

应该说这个会议十分重要，而且参加的老师人数是这些年我做系主任期间最多的一次。在会议过程中，很少有人提

图 34　教学研讨会会场

（照片由规划系办公室提供）

前退场。大家都全神贯注听取其他老师的汇报交流。也许是因为会议议程中安排了几乎所有参会老师的发言，所以大家也无法临时离场。

　　总体来看，会议的意义是积极的。尽管对课程教学改革没有凝练出直接的结论，但对于任课老师之间相互了解教学内容和教学重点来说十分有益。会议还邀请了同济规划院的几大规划设计所的所长或主要负责人。我看到了王颖、俞静、裴新生等不少人。他们分别都发了言，从"用人"单位来反馈毕业生的素质和建议。当然，这次会议主要定位在本科教学，对硕、博研究生的方面未涉及，所以，一些老师还未能全部认识到人才培养的总体过程。

　　副校长吴志强院士针对"空间规划学"强调了坚定信念加强学科建设的5点建议：①加强两头，即"底图"认识和治理；②提升内核，即对城乡发展的规律、方法、工具等方面的提升；③贡献原理，即对理论、价值观方面的认识；④看清本质，即对国家现代化过程的认识；⑤组合课程，即对"模块化"教学的认识。

在会议结束之前，我作为系主任也谈了3个方面的认识。我的发言记录如下：

一、本次研讨会意义积极

1.有助于老师之间了解不同的课程。横向、纵向关系厘清，了解本科全教学的知识体系构建，能力结构体系，面向未来职业需求。

2.有助于加强人才规格与用人单位需求之间的响应。作为规划院开展大量各种类型国土空间规划，城乡规划人才毕业之后的"一对多"的适应性。

3.有助于城乡规划学科建设和人才培养质量的提升。在此基础上，"固本＋改革"，"坚持"和"谋划"相结合，积极改革、完善、发展城乡规划学科。

二、应处理好10个关系

1.处理好城乡规划学科与国土空间规划体系建设行业的关系。一个是学科，一个是行政管理体系，勿混为一谈。对于城乡规划学科人才培养，自然资源部的成立，对我们来说只是多了一家用人单位，多了一种用人要求，而不是覆盖原来的学科。

2.处理好核心课程与相关知识的关系。"教指委"（原专指委）指南规定的十门核心课程要坚持，但也要积极改革、完善。

3.处理好"单一课程"和"相关课程"的关系。即原理课程要与规划设计课程相互支持，勿分割、勿自成一套，勿重复，否则增加了学科压力，增加了学生的课时总负担，而且也无必要。原理课中勿加实践，实践留在相关的实践课程中，避免偏向强调一个课程局部完整性而忽略了整个课程链的完善性。

4.处理好"技术方法课程"和"空间形态"课程的关系。应使二者更加紧密相互支持。

5.处理好"本科课程"与"硕、博课程"的关系。哪些必须在本科阶段完成，哪些可以留给今后"硕、博"阶段继续深造？不必着急全压在本科阶段。

6.处理好"本学科"与"交叉学科"的关系。以本学科主干知识和能力体系为主干，加强交叉，而不是偏离主干、偏离轨道。

7.处理好"知识体系"与"实战运用"的关系。从书本知识出发，面向实践、实际工作，凝练解决实际问题的能力，培养能力结构。

8.处理好"单一分析"与"综合判断"的关系。关联系统论框架，避免从单一分析中得出最终判断和结论，应当尊重多学科、交叉学科的支撑。

9.处理好"单兵作战"与"团队合作"的关系。既要锻炼"单兵作战""野外生存"的能力，同时，又要具有团队合作、多兵种作战的打大仗的指挥能力，为成为"总规划师"打好基础。

10.处理好"专业学习"与"人文价值"的关系。既锻造坚实的本专业基本功，又要以"为人民服务"的人文关怀、生态文明、高质量发展、高品质生活的宏观图景，锤炼规划师和城乡规划公平公正的价值观。

三、两条主线

"规划"一词给了我们启示。之前一次关于"GUIHUA"的英文期刊命名的时候，我听吴志强院士解释："规"字左右部分："夫"与"见"，乃"士大夫"之所"见"，而"划"之"戈"与"刂"，古之刀枪也，动手用工具之意。我在给城乡规划专业低年级讲座时，把上述对"规划"的解释归纳为"高人之见，动手实现"八个字。这里体现了"理论"与"实践"的结合。基于这个理解，城乡规划专业之于"空间"客观对象，建立两条主线：

1.设计主线。即："设计"方面的训练，是基于解决空间安排实施改造干预的方式、路径，如何使之更符合功能使用和整体优化；

2.决策主线。是以多学科、综合知识来谋划问题的关键点。因此，可以画出以下模式图（略）。

记录完成于 2020 年 1 月 27 日（大年初三）15：12

同济绿园添秋斋

附：会议议程（节录）

国土空间规划背景下城乡规划专业教学研讨会
会议议程

2019 年 12 月 31 日

主持人：副系主任 耿慧志　会议记录：周新刚、李凌月；会议计时：刘超、沈尧

学院党委书记彭震伟发言；

系主任杨贵庆发言；

副系主任耿慧志介绍国土空间规划背景下的课程体系建设情况；

张立介绍"土地利用规划概论"课程建设情况；

颜文涛介绍"双评估"在总规教学中的学生学习和掌握情况；

匡晓明介绍"控制性详细规划＋城乡创新规划设计"教学情况；

同济院空间规划研究院副院长裴新生 国土空间规划编制进度及对城乡规划专业教学的需求；

自由发言环节

1.必修课主讲教师发言

（1）城市建设史（邵甬）；（2）地理信息系统（钮心毅）；（3）城乡规划原理A（于一凡）；（4）城乡规划原理C、

城市经济学（栾峰）；（5）城市工程系统规划与综合防灾（戴慎志）；（6）城市道路与交通（一）（汤宇卿）；（7）城市道路交通（二）（刘冰）；（8）城市社会学（戴晓晖）；（9）城市地理学（陆希刚）；（10）城市设计概论（王伟强）；（11）城市环境与城市生态学（沈清基）；（12）城市历史遗产保护（张松）

2.设计课教学组长发言

（1）三上，详细规划设计（一）（赵蔚）；

（2）三下，详细规划设计（二）（戴晓晖）；

（3）四上，城市总体规划（朱玮）；

（4）四下，乡村规划设计（程遥）；

（5）四下，城市设计（童明）；

（6）二下，建筑设计（田宝江、王骏）

3.选修课教师发言

（1）计算机辅助设计（庞磊）；（2）城市开发与房地产金融（侯丽）；（3）城市政策与规划（英文）（刘超）；（4）空间规划方法概论（英文）（周新刚）；（5）空间句法概论（英文）（沈尧）；（6）生态环境规划与管理（英文）（刘超）；（7）自然资源保护与利用（干靓）

4.教师代表和副系主任发言

高晓昱、肖扬、谢俊民、李晴、杨帆、包小枫、王兰、黄怡、卓健

5.《城市规划学刊》代表和规划院代表发言

黄建中、王雅娟、肖建莉、王颖、江浩波、俞静、阎树鑫

6.学院副院长 / 规划院副院长张尚武发言

7.A 岗教授发言

潘海啸、王德、孙施文、周俭、唐子来

8.特邀教授朱介鸣、赵民发言

9.学院党委书记彭震伟发言

10.副校长吴志强院士发言

同济·黄岩乡村振兴冬令营纪实

2020 年 1 月 10 日—1 月 14 日（星期五—星期二）

从 1 月 10 日至 14 日，同济师生团队一行 7 人在黄岩开展为期 5 天的乡村振兴冬令营。此行目的两个：一是持续开展校地乡村振兴协作，加强乡村振兴教学基地建设，服务指导黄岩各乡镇街道开展好乡村振兴实践；二是开展硕士研究生一年级的现场设计集训，提高现场快速规划设计的能力。这次，我和宋代军带队带的研一学生包括汪滢、王宣儒、南晶娜。另一人是考研实习生黄子薇，再有一人是来自法国斯特拉斯堡的双学位硕士生玛莉。

队伍照例是入驻黄岩区屿头乡的沙滩村。除了宋代军和玛丽住在"乡府酒店"（由原来乡公所办公楼改造而成）之外，其余 5 人住在沙滩村同济工作室的二楼。我还是住宿在靠东南侧的房间。这样的活动从 2013 年以来已经坚持了 7 年：现已进入第八个年头。到 2020 年 11 月—12 月，就可以谋划举办"八周年"的图片展了。

虽然这次冬令营的时间不长，但工作安排比较紧凑。周五中午 11：24 高铁从上海虹桥站出发，下午 14：44 抵台州站。

第一天下午入住营地之后先整理安顿，周六开始内业，设计工作准备，踏勘现场等。周日安排翻越"演太线"。下周一、周二两天是几个村庄点上的指导，最后是周二晚上19：28高铁再从黄岩返沪。

1月12日（周日）翻越"演太线"是全程徒步的。为了保障同济师生团队的沿线村庄考察活动，宁溪镇和屿头乡两个乡镇的领导都予以重视和支持。宁溪镇党委陈鸣瑞副书记专程来屿头乡沙滩村一起参加，屿头乡党委政府是由黄文魁宣委代表屿头乡前来照应同济师生。同济师生一行7人全部参加了。出发点定在屿头乡沙滩村，在沙滩村东坞的"柔川岁月"大牌楼下出发前合影（图35）。

虽然是冬季，但天气不太冷，比炎热的夏天要舒适许多。沿途经过屿头乡的两个村，分别是前山头村和引坑村。现两个村合并成行政村取名为"金廊村"，有"绿水青山就是金山银山"之寓意。此外，"演太线"还经过宁溪镇的蒋家岸村、五部村，最后抵达乌岩头村。所以，沿途加两端共有6个村，当中的4个村原来是村集体经济年收入不足10万元的经济薄弱村。随着浙江省"精准扶贫"工作，这4个现已摘去薄弱村帽子。

"演太线"取名来自宁溪镇原来历史上的三国时代的"演教寺"之"演"，以及屿头乡现存的始建于南宋时期的"太尉殿"之"太"，这两个佛、道文化的寺庙道观作为乡土文化信仰，在历史上有很大的影响力。可惜"演教寺"毁于历史上的战火，

图 35　冬令营考察"演太线"

（照片由屿头乡人民政府提供）

现在仅存"旧寺岙"的地名。我去考察过场地，其格局是十分经典的风水择地范式。但这次我取用"演太线"之名，更为重要的当代意义，是要突出"绿水青山就是金山银山"的"两山理论"之实践。希望通过徒步游线，促进城、乡要素的双向流动，激活还在衰退的农耕时代的村庄，通过创造性转化、创新性发展的"双创"，形成乡村振兴的又一经典样本。

　　然而，沿途的建设状况不尽如人意。虽然当地村民已经感受到发展的机会，但村民毕竟还是缺乏审美和远见。个别先建的村民住宅楼的样式，追求所谓现代化小洋楼的风格，导致"建设性破坏"山地乡村风貌的结果。其中有一幢风貌突兀的新楼还出自村委干部家。村干部在新建房屋风貌方面没有带个好头,这让我十分遗憾和担心。

引坑村的赵文喜副书记赶来迎候团队一行。据他自己说他是北宋开国皇帝赵匡胤"三十七世孙"。这个说法不无道理,因为赵匡胤皇帝的第七世孙赵伯澐的墓葬前几年被发现在附近的前礁村,这已被央视等报导过。赵伯澐官至副县令,在苏州任职过,退居回乡里组织修造了黄岩城区的"五洞桥"。目前这座古桥还在被安全使用,已是全国重点文物保护单位。昔日的宏大叙事和壮丽审美,而到如今的皇族后裔子孙村民某些逐利的表现,让人十分感叹。当然,这只是一部分。据查询族谱,也有不少表现十分出色的人物案例。

对于沿途村庄的发展振兴,当前的最大挑战是村委基层的人才奇缺。村中有远大志向的优秀年轻人已经很少,或几乎没有。社会基层治理必须重新建构一整套行之有效的制度、机制和政策保障。当然,也不可能回到历史上的同宗家族的血缘宗亲关系的治理模式,但必须要有优秀的年轻人来担当新时代责任。当前,村级党员干部的培养、大学生村官等显然是一个希望所在,同时也需要城、乡要素的双向流动,更加需要"组织振兴"和人才保障。

1月13日(周一)上午在南城街道召开了"黄岩贡橘园"北入口建设、民建村规划建设方案的协调会(图36)。南城街道党工委书记陈虹女士的工作能力和干劲再次让人赞许。

181

图 36　黄岩南城街道蔡家洋村会议室

（照片由南城街道提供）

图 37　同济师生和宁溪镇领导在乌岩头村同济乡村教学实践工作室前合影

（照片由宁溪镇人民政府提供）

会议邀请了黄岩区自然资源规划局领导、区农业农村局王立宏副局长、区交旅投公司董事长郭海斌、陈海虹等，区委副书记徐华也到会。协调工作进行得非常顺利。会议是在同济师生团队新规划建设完成的乡村振兴工作室举行的。

会场照片拍出来的感觉很不错，因为会议室的风格与乡村风貌很配。这一工作室同时也是为村民活动提供了一处场所，陈列照片，反映了蔡家洋村乡村振兴的过程，也是"产业振兴"贡橘园的合作社的场地，同时又是"贡橘"文化历史的重要载体，已经有不少诸如区文联的文化采风活动在此举办。我给建成后的工作室题了"好景轩"牌匾名，取自"一年好景君须记，最是橙黄橘绿时"的诗句。

1月14日（周二）上午，我带领师生团队与宁溪镇领导和黄岩区交旅投公司领导在宁溪镇的乌岩头乡村振兴工作室碰头（图37）。宁溪镇党委书记胡鸥、副书记陈鸣瑞、城建办主任王华，以及区交旅投的郭海斌、陈海虹参加，重点讨论了五部半山村的规划设计和工作推进方案。作为"同济·黄岩乡村振兴学院"南校区"半山区块"的工程。区委主要领导陈建勋书记等高度重视，接下来的建设工作是有一定挑战的，但未来的发展是乐观的，它将是传统村落保护和利用的又一种类型和模式。

记录完成于 2020 年 1 月 26 日（大年初二）17：05
同济绿园添秋斋

潍坊临朐乡村振兴寒假之行

2020 年 1 月 15 日—17 日（星期三—星期五）

　　两周之前就确定了此次寒假之行，我和宋代军带队，带上博士生王丽瑶、硕士生秦添、张宇微一行 5 人，中午 11：51 高铁从上海虹桥站至潍坊市，到达时候是傍晚 17：52。临朐县自然资源局的赵立峰副局长到站迎接。车程大约 1 个半小时，抵临朐县城金城大酒店住下。

　　这次到临朐县会合的还有 CCTV 新闻调查频道的胡劲草编导和杜晓静编导以及这个节目的摄影师王忠新。这两名编导是在一个多月之前到同济大学访问并构思采编上海社区微更新改造节目的时候，在学院 C 楼雅憩餐厅与我一起聊天，听说我已"开辟"了北方临朐这个乡村振兴"战场"的时候，她们认为应该从一开始就做好改造过程的影像记录，并推荐了刚从 CCTV 新闻频道退休的王忠新摄影师跟踪拍摄。这对我来说是个好建议，因为我也很希望有专业的摄影师跟随拍摄记录、积累资料，若干年之后，如果临朐实践有些成果，那么，这一建设的过程、前后的比照，应该具有示范的作用。

　　16 日（周一）上午 9：00 从酒店出发，一行人坐车到寨

图 38　临朐县寨子崮村村委楼前的合影

（前排左起：赵立峰、宋代军、高瑞海、杨贵庆、林绍海，等。照片由王忠新提供）

子崮村，城关街道办事处和村里相关人员早已在村子的桥头等候了。村委赵书记气色不错，信心满满。一行人先到村委会的办公室集中开会，我给大家提出了 2020 年十项工作。赵书记在他的小本子上一一地认真记下了。会后大家一起又在村委会门口的台阶上合影留念（图 38）。合影的目的是希望大家团结一心，把寨子崮的乡村振兴工作做好。

接下来大家开始进入村子巡查。我采用路演的方式对乡村改造建设提出建议。令人欣慰的是，2019 年我多次敦促村里种下的竹子，终于在如今的下雪的冬天呈现了绿色。原来北方冬季的村里整体上呈现一片灰色的景象，但现在有了几片绿竹的映衬，稍微感觉到一丝生机。竹子虽然不多，且因为有几次种植并没有按照雨季的科学规律而没有种活，但村民毕竟付了"学费"，开始领悟到科学种植的要义。不能光靠"人定胜天"的决心和口号是不够的，还要懂科学。赵书记边走边说："下次种竹子有经验了。"如果今年再下力气科学种植，那么，到2020年年底的冬天，将会有更多的绿色。

我提出的"种竹添绿"的灵感，是来自郑板桥的画竹。郑板桥曾做过潍坊市（当时是"潍县"）的县令，我猜想他一定在北方天寒地冻的时节，领悟到竹子的刚韧，所以才钟情于画竹。当冬季寒冷袭来，绝大多数植被凋零，而竹叶却在白雪中傲然绽绿。郑板桥的画竹在中国画界有很高的知名度。看过板桥的画竹，我联想到我国《说园》的作者、园林界泰斗、同济前辈陈从周先生的画竹，似乎陈先生有板桥画竹中的学悟。陈从周先生的画竹不仅领悟了其"苍劲"的风格，同时又融入陈老夫子（陈从周先生弟子对他有这样的称呼）南方人的"孤傲、独立"的气质。

寨子崮村的这次现场考察指导，我意外地又碰到了村里的"奇人"高瑞海。据说是前天晚上得知我和CCTV编导一行要登门拜访之后，他专门被接回村里（之前已经被其家人接到县城准备过年）和我们相见。他已是78岁的老人，但身体劲力很好，记得今年夏天，他和我带领的同济一群师生一起爬寨子崮村南侧太平崮的时候，他拿着锄头在前面山路上健步小跑，非常轻松地登山，并为我和我的研究生们介绍太平崮的传说。我还记得他在寨子崮村的自家小院里堆放了许多园艺农作的工具，各种类型整整齐齐地排列，更让人感叹的是他还收藏了不少历史人文书刊，自己编绘了系列历史题材的图画，认真装裱好满满又整齐地挂在墙上（图39）。其中几幅图是纪念他母亲的，图说了当年她母亲是如何嫁到此村，以及和他父亲耕作的场景。这是位少有的乡村历史文化传承人。

我觉得他对于这个村的"文化振兴"来说简直是一个"宝"。我希望在寨子崮的乡村振兴工作中，找一个合适的地方，把弃置的农家小院进行改造，形成一个陈列其书籍和字画的"乡村民俗博物馆"，或"乡村民俗游学馆"，今后可给予前来游学的中小学生参观、了解和学习。乡村文化，通过代际相传，可以传承下去。他个人的努力，不可不谓是一种文化因子，是浩瀚乡村文化大河中的一滴，也是多姿多元乡村文化中的奇葩。于是，在我的极力推荐下，并由高瑞海老人和村里赵书记带领，一行人踏着积雪的村道，从山坡上绕过几处民家小院，来到他家中参观，并参观了他的四季花房。

当日中午在临朐县城关街道办事处食堂午餐后，没有休息，一行人就直接往辛寨镇的卢家庄子村进发。在我的推荐下，大家又参观了治源水库边上"老龙湾"的绿竹。这是一处北方地区比较大的绿竹区了吧，缘是这里的地下源泉常年不断，塑造了这一处独特的地貌地景。

下午3：00，大家来到卢家庄子，辛寨镇的宋副书记和村委周书记已在等候。卢家庄子的乡村改造行动也不错，沿路

图 39　高瑞海老人在介绍他的绘画

（照片由王忠新提供）

种的竹子也有部分显绿，但由于和寨子峮村竹子的品种不同，绿景稍逊了些，但相信来年应该会不断改善。用于"仙树广场"和"卢羊馆"的场地已经清空出来。那里原先是一排杂乱的猪舍民房，环境十分脏乱，垃圾几乎几十年没有被清理，同时，场地的区位价值也未能体现。同济团队自 2019 年开始努力，引导村庄在"净"字上花了力气，现已改观了许多。卢家庄子的乡村振兴在 2020 年希望有一个大的进步。

在考察了周边环境以及用于改造为同济工作室的小院之后，又来到了沿路村部办公的小屋，大伙儿一起坐下。我向宋副书记、村委周书记和村委卢主任交代了 10 件工作安排，大家一一地记下了。临走的时候，又请大家一起拍了合照（图40）。入照的人比较多，当地的规划院刘金波院长也在其中。接下来乡村建设需要地方规划设计部门的密切配合，地方各类乡村建设人才的培养对乡村可持续发展至关重要。

16 日（周四）一天的活动满满当当。到了晚上 8：45，我又与德国柏林工大的人居中心主任 Philipp Meltzwitz 教授约好了通视频电话，商量接下来 2 月 18 日至 20 日在浙江黄岩召开课题讨论会的工作。宋代军、博士生王丽瑶、硕士生张宇微 3 人也一起参加了视频交流会。德方还有 Hannes、高晓雪博士。视频会讨论到晚上 9：15（德国时间是当天下午2：15）的时候，Philipp 教授另外有会先离开。之后大家继续交流到 9：30 结束。计划明年 2 月份黄岩研讨会的主题仍然是"城乡融合推进乡村振兴"，基于 BMBF 资助德方"URA——

图 40　临朐县卢家庄子村口合影

（照片由王忠新提供）

城乡共构"课题。

　　第二天 17 日（周五）上午，我和宋代军等同济一行 5 人在临朐县规划编研中心林绍海主任的陪同下驱车到潍坊市自然资源和规划局（地方简称"自规局"）访问。林主任把我们送达后就先返回临朐了，也未通知 CCTV 一行和王忠新摄影师跟随。潍坊市自然资源和规划局的刘建成局长，林业局孙守勤局长热情接待了我们，并座谈如何推进潍坊市乡村振兴的工作，积极谋划成立"同济—潍坊乡村振兴学院"一事。大家初步达成了一致意见，希望通过双方自上而下、自下而上共同努力，来积极推动潍坊乡村振兴工作（图 41）。

图41　同济一行与潍坊市自然资源和规划局领导合影
（照片由潍坊市自然资源和规划局办公室提供）

　　具体的参加人员和会谈要点在之后潍坊市自规局的官方网站发布了报道。

记录完成于 2020 年 1 月 26 日 15：19

同济绿园添秋斋

附：潍坊市自然资源和规划局新闻报导

同济大学杨贵庆教授团队来潍座谈交流乡村振兴工作

日期：2020/01/17 来源：潍坊市自然资源和规划局办公室

　　2020 年 1 月 17 日，同济大学建筑与城市规划学院杨贵庆教授带领规划团队，到市自然资源和规划局就推进乡村振兴工作进行座谈交流。市自然资源和规划局党组书记、局长刘建成，局党组成员、一级调研员兼市林业局局长孙守勤，副局长刘洪营参加座谈交流。会上，杨贵庆教授介绍了其团队在浙江黄岩推进乡村振兴规划建设的实践经验。刘建成局长介绍了我局推进乡村振兴的相关工作情况，并对下步邀请同济大学指导推进潍坊乡村振兴工作、组建"同济·潍坊乡村振兴学院"等进行讨论交流。

网 会
——中德科研合作视频讨论

2020 年 2 月 18 日（星期二）

突如其来的新冠肺炎疫情，使得面对面交流活动无法实现，开启了一段网上工作的历程。德国柏林工大的 Philipp Misselwitz 教授（人居中心主任，后文简称其名 Philipp）力争在双方合作黄岩科研的基础上，拿下第二阶段的立项，但苦于无法来同济或我率队过去面晤，所以采用微信视频的方式进行讨论。德方照例是 Philipp 教授本人，还有 Hannes、高晓雪博士。同济这边团队参加的有宋代军、王艺铮和博士生王丽瑶。

这个科研项目的全称为："城乡共构：实现中国台州黄岩地区城乡结合部包容性转型到可持续发展"，对应申请书英文题目为 "Urban-Rural Assembly：Managing inclusive transformation-to-sustainability process at the urban-rural interface of Huangyan, Taizhou region in China through the development of new strategic governance tools and the implementation of exemplary pilot projects at catalysts for regional value chains"，对应 BMBF 批准德文题目为"Urban-Rural Assembly（URA-Transformation zu nachhaltigen Stadt-land-Okonomien）。第一阶段的批准号为 01LE804A。

为了使得第二阶段（2021-2026 年）德方资助柏林工大这一项目能够获得成功，Philipp 希望作为合作方 PI 的同济大学团队，能够联合台州市、黄岩区地方地政府提供支持，希望项目获批后能够为地方城乡建设发展提供建设性意见。

值得一提的是，Philipp 为了促成此事，特地请德国柏林工业大学负责外事的副校长，以柏林工大和同济大学教育合作伙伴的关系，向同济大学负责外事的蒋昌俊副校长致信函，请求予以支持。因此，同济外办收到此信函后专门联系了我，由我出具情况说明给同济校方，并进一步跟进落实此事。

网上交流时间专门挑了便于克服两国时差的阶段，中国方面从下午 4：00-7：00，而德方是上午 9：00-12：00 的一段。Philipp 的微信信号似乎不是太好，有几处没有听清。在谈工作之余，他也诉苦由于疫情，柏林也面临幼儿园关闭，他要在家照看三个淘气的儿子，乃是巨大挑战。我调侃他说，照看好 3 个孩子这件事，要比他做国际科研的难度大多了吧。

总体上看，如果这个中德科研合作项目的第二阶段申报得以成功的话，那么接下来对城乡融合、城乡共享、城乡共构的区域发展架构将提供新思维、凝练理论、方法，提升政策水平，为区域城乡空间发展的韧性和可持续性提供支持。这也是学术研究服务地方政府的有效途径吧。而且，以这种

"点对点"（同济－柏林工大科研联合体对应台州黄岩的规划建设实践）的方式，更加紧密地把理论、科研与实践相结合，指导博士生、硕士研究生开展案例研究，切实"把论文写在祖国大地上"。

此外，关于"Urban-Rural Assembly"一词中"Assembly"如何中文翻译的问题也值得一提。这个英文词的直译是"组装"，但放在"城乡"关系上，"组装"很难理解，因此，我认为词的意境和对专业的把握上，用了中文"共构"一词作为对应，意为"共同建构"新型城乡关系。相比宏观、抽象表达的"城乡融合""城乡协调""城乡共享"来说，"城乡共构"更具有空间的含义，实施可操作性相对较好。

Philipp 很信任我，他把这个词的中文翻译打印在了德方项目组专家的名片上。在去年 5 月底他率领德国科研人员来华赴浙江黄岩一起召开课题启动会的时候，他给大家分发交换的名片上面，中文"城乡共构"还专门设计了字体。

于是，这个简称为"URA"的中德科研合作项目的中文表述就用"城乡共构"了。之后，我用"共构"这词专门针对中国的乡村振兴，展开理论思考写了论文，题为"城乡共构视角下的乡村振兴多元路径探索"，发表于《规划师》（2019年 6 月）。

此文发表前写英文摘要的时候，得知德方对"URA–Urban-Rural Assembly"这个词已有严格专有专用规定，所以就不便采用 Assembly 这个英文词语了，而改用"Co-

construction"这个相对"硬"译的词。后继者如果看到以上的这一段标注，也许会了解两个词语之间的关联。

记录完成于 2020 年 5 月 16 日 22：00
同济绿园添秋斋

网 站
——同济规划系网站更新记事

2020 年 2 月 27 日（星期四）

新冠肺炎疫情（COVID-19）已持续了一段时间，趁着大家都在家上班的时机，我和系副主任卓健商量，是否抓紧推进规划系的网站建设，及时更新网页内容，以崭新的面貌再次出现。由于疫情，人们在家上网的几率更多，通过网页宣传同济规划的需求也增加了，所以这个事需要尽快做。

网站建设计划从去年下半年已经开始布置，但之前因网站网址挂靠和管理的原因，工作推进比较缓慢，这次再次推进，希望一鼓作气，全面建设好并开放。工作小组还有系副主任耿慧志，具体负责的版块工作包括庞磊、刘超、郝磊（新入职）等。由我具体落实的事情有三样：①补完博士生教学版块内容；②更新"系主任寄语"；③增加"兼职教授"栏目。

"系主任寄语"上一版还是 4 年之前（2016 年 4 月 13 日）的标注，恐怕是要作一些更新修改，但总体上的语境和内涵是到位的，为了记录这一版而留作今后回看的"历史"，在此摘录如下：

全球化背景下的中国城乡发展无论在速度还是规模方面都是前所未有的。统计数据显示，2014 年中国城镇化率已经突破了 50%，中国城市发展已经开启了"城市时代"。回溯过去 30 年，中国完成城镇化率从 20% 到 50%，仅用了 30 年时间，其速度斜率是一些发达国家的 2 倍甚至 3 倍以上。如果说世界城市化进程具有城乡发展自身规律的话，那么，这一进程中所发生相应的社会、经济和文化等方面的问题和冲突也应该是普遍的。进一步地说，西方发达国家可以从容在 100 年间解决城市化 30% 增量所带来的社会经济矛盾和冲突，而中国要压缩到 30 年来面对巨大的社会经济和资源环境的挑战。因此，中国当今城乡发展处于各种矛盾冲突集聚的时期，也是十分关键的时期。

正是因为面对如此巨大的城乡社会经济和空间环境可持续发展挑战，所以城乡规划专业人才需要更充足的知识、更深邃的思考和更睿智的判断。这赋予了城乡规划学的价值体系，即关注经济发展动力、生态环境品质、社会公平正义三者的互相协调和平衡发展，并通过规划技术和方法来筑造宜人的生境。

城乡规划学就是研究和揭示城乡发展的客观规律并通过规划途径实现其可持续发展的一门学科。这门学科既要掌握关于建成环境（Built Environment）的基础知识，又需要了解其之前（Before）历史发展过程、建成环境之间（Between）的关联要素、建设环境背后（Behind）的成因动力，还应当研究超越（Beyond）建成环境的新技术和政策制度等方面的知识。上述"5B"所相关的各种知识，共同构建了城乡规划学的知识框架和课程体系，并在人居环境的区域、城市和社区邻里这三个重点层面展开相应的实践训练，从而获得未来能够胜任从业的核心能力。

在这里，我们呼唤更多有理想、有抱负的年轻人加入城乡规划学这个十分美好的专业领域，来到同济城规，共同肩负起伟大时代赋予的历史使命。为了更具品质的中国城乡发展，让我们不仅具有扎实的专业知识功底开展城乡发展的科学研究、政策制定和规划设计，而且在学习和创业的同时，始终怀着美好理想和社会责任，满怀热情并保持同情心，拥有对自然的敬畏和对生命的爱，奔跑于规划事业的最前沿。

这次对"系主任寄语"进行部分更新，主要是把其中的开场两段作替换，以保持与时代前进的同步，并对当今和未来的城乡规划发展作更为深刻的认识，更具有历史宏大的展望。而后面的关于专业的特征和人才需求的两段稍作润色，基本上予以了保留。现将标注"2020年2月28日"版本的第一、二段更新部分摘录如下：

从人类历史发展的广域来看，追求美好人居的努力从未停歇。与自然抗争也好，与环境共存也好，与不同人群的交流往来也罢，抑或是为了更好未来的创新，这些努力都不断在积淀并促进着人类文明的进程。城乡规划在这一进程中始终扮演着十分积极的角色，发挥了贡献人类文明的重要作用。

中国的城乡发展经历了人类历史长河中经典的演绎，创造了精彩的人居历史，并正在经历着浩大的改革进程。城镇化率快速增长相伴着经济社会的结构性变革，冲击了长期以来的农耕社会为基础的城乡对立二元结构。全球化背景下的世界经济格局和急速迭代的新技术革命，给中国城乡物质空间环境的结构优化带来重大挑战，也为国土空间规划体系的建构提供历史性机遇。在新时代，努力解决好城乡发展的不平衡、不充分的问题，将为中国人民对美好生活的向往注入强大的改革动力。

关于增加"兼职教授"的栏目，一直以来我就有这个计划，即把受聘的专家学者的照片和学术简历做成专栏，嵌入网站的板块中。作为一个全国知名的规划学科教学单位，同济规划为顶级专家提供重要平台，同时，这些顶级知名专家也为同济规划教学提供智慧和指导，扩大学科影响，这是双赢的事。

因此，我专门联系了美国的张庭伟教授、加拿大的梁鹤年教授（通过黄怡教授联系），还有国内的仇保兴教授、孙安军教授、石楠教授、李晓江教授（通过干靓副教授联系）、张兵教授，还有象伟宁教授、潘起胜教授。上面的9名专家不管他们是否另外还有多个学术头衔，这里都以"兼职教授"之名而统称为"教授"了。

他们都是之前不同年份已经受聘的同济教学"兼职教授"，在学术界都是大咖级人物。微信邀请各位兼职教授提供一张近照和100~150字的介绍。收到发出征集资料微信的当日，这些教授们欣然发回了照片和文字简介。经整理就列入了新版的规划系网站中。这些教授的头像照片均很棒，一看上去就感觉目光有神，充满智慧（图42）。希望他们为同济规划乃至全国所有求学规划的莘莘学子带来榜样的力量。（附录信息）

"兼职教授"列入规划系网站的事终于完成，了却了我担任系主任来的一桩心事。一直想做但一直未做成的事，现在终于做成了，心中十分宽慰。

生活中往往就是这样，一件十分复杂而困难的事，只要能咬紧牙关坚持下来，终会有做成的时候。但挑战是：道理上都懂，而实际去做确实很难。

记录完成于 2020 年 5 月 31 日 15：15
同济绿园添秋斋

附录：同济规划系网站"兼职教授"信息
（来自同济大学城市规划系官方网站，排名不分先后）

张庭伟教授，1968 年毕业于同济大学城市规划专业，1981 年获得同济大学城市规划硕士，1985 年成为城市规划博士生。1986 年，同济大学成立城市规划系，他担任副系主任。1988 年考入美国北卡罗莱纳大学（UNC）城市规划博士生，1992 年获得伊利诺伊大学（UIC）城市规划博士学位，留

图 42　兼职教授照片

（上排左起：张庭伟、梁鹤年、仇保兴；中排左起：孙安军、石楠、李晓江；下排左起：张兵、象伟宁、潘起胜。照片由规划系办公室提供）

校任教，后升为正教授，并在大城市研究院（GCI）建立了亚洲及中国研究中心（ACRP）担任主任。目前是 UIC 的荣休教授（Professor Emeritus）。2005 年，国际中国规划学会（IACP）在 MIT 成立，张庭伟被推选为首任理事会主席。他的主要研究方向是中国规划的理论及实践问题，发表论文 150 余篇，出版专著合著 10 本。

梁鹤年教授，加拿大女王大学城市与区域规划学院教授、原院长。研究领域包括土地与城市规划、政策分析方法、西方文化基因等，出版有《简明土地利用规划》《政策规划与评估方法（S-CAD 方法）》《西方文明的文化基因》《旧概念与新环境》等多部专著。曾担任加拿大联邦财务部顾问，2002 年被国务院授予外国专家最高奖"国家友谊奖"。

仇保兴教授，现任国务院参事、国务院政府职能转变协调小组专家组副组长、国际水协（IWA）中国委员会主席、中国城市科学研究会理事长，兼任同济大学、中国人民大学、浙江大学、天津大学和中国社会科学院博士生导师，经济学、城市规划学博士 。曾在浙江省先后任乐清、金华和杭州三个城市党政主要负责人近十八年。曾作为访问学者赴哈佛大学参与有关项目研究。在任国家建设部副部长期间分管规划司、城建司、村镇司和科技节能司十三年，同期兼任国务院汶川地震灾后重建协调小组副组长、国家水体污染治理重大专项第一行政责任人、首都规划委员会委员和中新苏州工业园及天津生态城理事。三十多篇咨询报告获得国务院总理批示。

多次获得联合国教科文组织、国际绿色建筑协会和国际水协奖项。多部著作被英、德、意大利等国出版社翻译出版发行。

孙安军教授，中国城市规划学会理事长（2017年起）。主要研究方向：空间规划体系构建、规划法规、城市更新与城市体检研究等。1985年至1999年，先后任中国城市规划设计研究院科技处处长兼总工室主任、院副总规划师等职。1999年至2016年先后任建设部城乡规划司处长、副司长、司长。组织编制了京津冀城乡规划；主持了北上广深等上百个城市总体规划的审查工作；参与了《城乡规划法》等法律法规的制定工作；组织开展了多规合一、城市开发边界划定、城市双修等试点工作；领导了全国规划实施监督及国家历史文化名城保护监督等工作。

石楠教授，教授级高级规划师，主要研究方向为城市规划政策与理论。中国城市规划学会常务副理事长兼秘书长，《城市规划》杂志执行主编。兼任联合国人居署署长特别顾问小组成员，教育部城乡规划教学指导分委员会副主任。

李晓江教授，中国城市规划设计研究院原院长，中央京津冀协同发展专家咨询委员会专家，中国城市规划协会副会长。长期从事城乡规划、交通规划工作，主持北川新县城灾后重建规划与建设过程技术服务，探索形成国家灾后重建的重要模式。主持完成国内多个重点城市的规划重大项目，多次获全国优秀规划设计一等奖，及全国工程勘察设计金、银奖。

张兵教授，教授级高级城市规划师。1991年和1995年分获同济大学城市规划与设计硕士、博士学位。1995年起在中国城市规划设计研究院工作，先后任中国城市规划设计研究院名城所所长、中国城市规划设计研究院总规划师、住房与城乡建设部城乡规划司副司长、自然资源部空间规划局副局长、自然资源部空间规划局局长。兼任中国城市规划学会第五届理事会理事、历史文化名城保护规划学术委员会主任委员、学会学术工作委员会委员，*Journal of Planning Theory & Practice* 等区域与城市规划专业刊物国际编委，《城市规划学刊》《国际城市规划》等编委。

象伟宁教授，美国北卡罗来纳大学夏洛特分校地理与地球科学教授，同济大学建筑与城市规划学院生态规划客座教授、博士生导师。研究领域为生态规划、城市与区域社会—生态系统的韧性分析和生态智慧引导下的社会–生态实践研究。

潘起胜教授，现任同济大学建筑与城市规划学院讲座教授、博导、城乡协调发展与乡村规划高峰团队国际PI。研究方向包括城市与区域规划模型、货运交通、经济影响评估、城市群机动性等。先后担任美国自然科学基金、国土安全部、交通部、兰德公司、以及考夫曼基金会等20多个科研项目的负责人或顾问。曾任美国德州南方大学城市规划与环境政策学系系主任，是国际中国规划学会（IACP）前主席。

网 邀
——《全国国土空间规划纲要》咨询

2020 年 3 月 8 日至 4 月 2 日（星期日—星期四）

3 月 2 日，自然资源部的郭兆敏先生不知是从什么渠道联系到我，发来陆昊部长的信函，邀请对所编制的《全国国土空间规划纲要》（下称"纲要"）提供咨询意见。郭先生微信的措辞十分恳切："陆部长信函请您查收，恳请您提出咨询意见。"

陆昊部长的信函亦十分恳切："鉴于您的学术成就和影响力，本想当面请教，因受疫情影响近期不便组织会议，所以通过信函请您不受任何框架约束，提出您对编制这部《纲要》的看法，特别是战略性、前瞻性并体现在国土空间格局上的见解。"此外，还专门提出："如方便，也可为我们提供一份《纲要》的一、二级目录（可以不作说明）。"

收到陆部长邀请函的确让人感到一种荣誉，也是一种肯定和鼓励吧。虽然这封邀请函可能已经同样发送给业内许多专家同行，但抬头还是专门标注了受邀人的姓名，这让受邀人感到来自国家层面的领导对专家意见的重视。这是我国独特的专家参政议政的通道，这样做非常重要，作为专业参与的一种渠道，部里可以从大量定向邀请的专家意见中汇总归纳出共性的有价值的意见建议。因为学界、业界的专家是多方面的，所以，这样做便于集思广益，特别是可以有效避免之前未曾考虑的偏差。

前不久，同济规划系的同事戴慎志老师也曾收到同样的邀请。他收到之后，专门电话我，很认真地告诉我，他希望听一听我和系里其他老师的看法，并准备汇总收集归纳进去。但我估计我的不少同事也许在同一时段都会收到这一邀请吧，毕竟同济规划系的不少老师无论在理念还是实践的第一线都有着切实的思考和经验。

收到邀请之后，我旋即开展案头工作，把之前积累的《德国空间规划和空间发展》（英文版）和《奥地利国土空间规划》（英文版）又仔细研读了一遍。这两个国家在区域城乡发展研究方面开展得比较早，而且国土空间治理方面颇有成效。当然，这些治理成效与他们两个国家的经济发展阶段有特定关系。然而，发达国家的经验虽可以借鉴，但仍然必须与本国的国情，特别是我国特定的经济社会发展相结合。在这方面，要树立远景目标，同时需要底线思维。需要结合当前我国开展国土空间规划的特定历史阶段，注重生态文明理念和国土空间资源使用的韧性和可持续发展，经过几大的思考，我撰写了《国土空间规划纲要（目录建议稿）》，共10章，并于3月8日发回郭兆敏先生。

随后的 3 月 27 日，再次收到署名陆昊部长的邀请函。这一次希望针对《全国国土空间规划纲要》的两个方案提供咨询意见。仔细研读了两个方案之后，我提出了倾向性的选择，并对如何改进完善方案提出了建议。

基于此次咨询，我进一步展开了些研究，对城乡规划学科与国土空间规划体系之间的联系进行思考，随后又撰写了《规划师》期刊的论文，发表在 2020 年第 7 期上。其中关于国土空间规划的 4 个板块和 2 条主线的基本构思，就是这个阶段形成的。

记录完成于 2020 年 6 月 4 日 13：35
同济大学建筑与城市规划学院 C 楼 517 室

附录：国土空间规划纲要（目录建议稿）

《国土空间规划纲要（2020—2035 年）》目录建议稿
同济大学　杨贵庆

1 规划指导思想

    1.1 新时代

    1.2 生态文明

    1.3 新发展理念

    1.4 城乡融合

疫情期间的一次公益网课

2020 年 3 月 12 日（星期四）

　　受同济大学住建部干部培训中心张立主任之邀，3 月 12 日下午 4：50-6：10 通过网络平台，开了一堂"村庄详细规划及案例"的公益培训网课。这次培训中心应对疫情，及时组织了非常有意义的公益培训系列课程讲座，邀请了十多名同济老师针对国土空间规划系列的知识和实操进行宣讲。这对国内不少地区的相关部门干部和规划师来说，可谓"雪中送炭"。

　　响应的听众超乎预计，有限的名额几天内全部报满，不得不开设第二期。我把培训讲座信息贴在"城乡共享——临朐实践"的微信群。临朐县的县委书记杜建华马上要求县里规划编制研究中心的林绍海主任尽快组织全县国土规划系统干部和乡村振兴试点工作的乡镇干部报名参加学习。但由于一下子县里组织的人数较多，培训中心对来自同一个地区的报名有限额，所以不得不把一些人员安排到第二期。

　　一共 80 分钟的培训课程，我主要讲了"新时代村庄规划的使命与特点"以及"浙江台州黄岩区屿头乡沙滩村"的规划案例。理论、理念部分主要是结合 2019 年我在《小城镇建设》

期刊上发表了两篇论文。那是针对 2019 年《中央农办、农业农村部、自然资源部、国家发展改革委、财政部关于统筹推进村庄规划工作的意见》的要点解读，我归纳了 20 个"亮点"内容，以及 7 个方面思考，其中强调的是：通过乡村现代化进程，努力把我国城乡二元对立结构转化为城乡二元融合，迎接城乡共享时代的到来。同时，基于现阶段实施乡村振兴战略的背景，把"产业振兴、人才振兴、文化振兴、生态振兴、组织振兴"等目标融入村庄规划工作中。这使得我国现阶段村庄规划编制和实施具有重要的时代特征和历史使命，承载了新时代的重任。

在规划案例部分，我概要讲述了浙江省台州市黄岩区屿头乡沙滩村的规划建设过程。通过精心备课，我遴选了生动的图片，展示了改造前与改造之后的对比，传递了"新乡土主义"和"新乡土建造"的理念，反映了黄岩乡村实践艰辛但快乐的七年历程。

线上的一次培训波及面非常大，影响更广泛而且快速。今后，线上线下授课的方式可以组合互补，可成为宣讲的有效方式。

记录完成于 2020 年 6 月 7 日 10：00
同济绿园添秋斋

手绘规划设计方案

2020 年 4 月 9 日（星期四）

连续 2 个多月的疫情影响，使得异地出差成为难事。学校方面严格管控教师外埠出差，而且疫情又十分复杂，所以利用这段时间把浙江省黄岩区南城街道贡橘园北入口的规划设计方案尽快向前推进。

我结合黄岩南城街道民建村的实际情况，包括基地北侧 30 米河道控制的限制条件，以及火山地形地貌的影响，综合谋划将来"省级中小学生研学基地"的活动和住宿功能；利用火山被之前人为破坏而造成的断壁残缺，因地制宜地规划户外攀岩活动场所，形成"青少年户外健身运动基地"；综合考虑 30 米河道控制线的内外场地，灵活设置黄岩"本地早"（蔡家洋橘品种名称）集散销售中心，同时布局柑橘创客中心和营销中心功能；利用场地东南角的历史文化素材，营造民建村文化综合活动中心，包括保留改造民建村原村委大楼，保留修建历史上的关帝庙，整理河道，展现南宋时期的"石湫闸"，新建一处村民文化礼堂，供村民和游客共享使用。

整个规划设计过程均用手绘（图 43）。通过最初草图构

图 43　黄岩区南城街道贡橘园北入口方案线条图

（照片由杨贵庆提供）

思之后，形成了钢笔墨线稿，继而开始上色。先把河道水系和山体绿化区分了出来，然后再把建筑上色，用彩色铅笔表现，区分了坡顶建筑的明暗面，产生较为生动的效果；接下来把活动场地用颜色涂显出来，这样可以与机动车道（留白）以示区分；虽然这样做都已把各种功能的用地和建筑环境区分开来，但缺少了整体的层次。于是，最后一道工序就是用阴影区分层次，包括用黑色压线建筑和主要构筑物背光面的部分轮廓，以显出空间层次，并用涂色把河道水面的一侧加深，以显出水面的凹沉，也起到了增加立体感的效果。

手绘方案图绘制好之后，用手机拍照发给了黄岩南城街道党工委书记陈虹女士，并附言："让我们一起努力并见证这个伟大的实践。"通过2018—2019年两年来的接触交流，我很佩服陈虹书记的执行力。黄岩"贡橘园"有今天的面貌和知名度，是与她带领的南城街道党政团队一组人实干奋斗分不开，所以我十分相信她的实践力、执行力。我知道，设计方案成型之后，工作才刚开始，大量的一线实践工作，与村民之间大量沟通和政策处理十分繁复，这将完全依靠当地干部的工作韧性。希望贡橘园北入口的建成，不仅带动民建村的发展，也为沿劳动南路向南拓展的黄岩城市总体结构打好基础，成为"黄岩传统文化空间廊道"的一个有机组成部分。

记录完成于2020年6月6日17：30

同济绿园添秋斋

216

研究生《设计前沿》网课
——新乡土建造

2020 年 4 月 24 日（星期五）

    "设计前沿"是面向同济大学建筑与城市规划学院全部硕士研究生开设的一门学位选修课，通常是研一学生参加，涉及建筑学、城乡规划、风景园林学等主要专业。课程协调人栾峰老师建了一个"2020 设计前沿教师群"，很有序地安排十几名老师各讲一次。师资以各系推选，规划系负责研究生教学的副系主任卓健老师根据学院的要求早早地把我安排上了。

    城市规划系授课教师除了我之外，还有田宝江、张尚武、周俭、童明、匡晓明（以上课前后时间为序）等老师。我看了一下此次课的全体师资队伍，大体上排课的思路是基于近年来在设计实践一线比较活跃的老师，一是要有规划设计实践作品，二是有一定的学界影响度。

    上课通知早在一开学的时候就收到了。但由于疫情，本学期无法像去年一样在学院钟庭报告厅上。栾老师提前两周就通知授课老师提交授课的内容和相关材料，以制作宣传海报，包括个人照片、若干作品照片、300字个人简介，以及500字作品或内容简介。研究生助教廖碧瑜同学做了很不错的讲座海报贴到了课程微信群里，并通知了上课学生。学生群里竟然有276人之多，可见这一课程的影响力比较大。

轮到我讲的是系列讲座（8），题目是"新乡土建造"。作为"设计前沿"课程，主要内容摘录如下：

"新乡土建造"是在"新乡土主义"理论指导下实施乡村振兴战略的工作范式。它通过"乡村振兴工作法"，依靠创造性转化、创新性发展，因地制宜，循序渐进，推动乡村全面振兴。十项方法包括：文化定桩法、点穴启动法、柔性规划法、细化确权法、功能注入法、适用技术法、培训跟进法、党建固基法、城乡共享法和话语构建法。

讲座采用的主要案例是浙江黄岩区乌岩头古村的更新实践。这个内容已成文发表在2019年年初《时代建筑》上，当时支文军主编策划做一期乡村振兴设计实践的主题论文集，邀请了此方面几位建筑、规划和景观领域的先锋人物。那一期杂志刊出后在全国学术界产生了较大的影响力，文章的引用率上升比较快。支文军主编认为我的团队黄岩乡村实践在当今中国很有代表性，而且与建筑师设计改造的方式不一样，希望能把这种全面的思考和做法写出来。所以我提出了结合"新乡土主义"理论构建下的这一实践命题，希望能在这方面确立一个鲜明的理论观点，为全面实践乡村振兴作出规划人的贡献。之后组稿编辑戴春老师也予以了很多鼓励。最后文章以"新乡土建造——一个浙江黄岩传统村落的空间蝶变"为题发表了。

本次讲座海报采用的个人照片是德国摄影师 Rebecca Sampson 在黄岩宁溪镇直街村拍摄的。当时她由德国柏林工大 Philipp Misselwitz 教授推荐拍摄记录 URA 中德合作项目。她拍摄之后，于 2018 年 10 月 1 日这天通过邮件发给我三张我的个人照片。她特别说明，可以随我决定以什么方式采用照片，但要"put my name underneath as copyright"。我本人十分喜欢这张照片，希望在这本"时空坐标"的小书出版时把它用上并记得标注她的名字。

此外，本次讲座海报采用的作品照片是我自己拍摄的。记得当时也是和 Rebecca 一起参观到黄岩宁溪镇乌岩头古村时，到"乌岩春晓"二楼推开窗子，看到一片山村景色。当时是阴天，村子房屋随着地形高地有机组合，使得一连串的屋脊线有韵律地起伏，在远处山峦的衬托下，形成如诗一般的节奏。Rebecca 于是先拍了这个角度的照片，但没有等到炊烟，也许她并不了解。而我等到村民屋里升起炊烟的时候拍了一张。

于是，这张照片的右上角就有了一阵风起的炊烟，画面顿时有了动感，因为联想到屋里人的生活，而让人感觉村庄鲜活了起来。我想这也许是因为东西方文化的差别吧。只有对中国传统文化的认识和体会越深，才越能体会到"物像、影像、心像"的关联性。

新

乡

土

建

告

同济大学建筑与城市规划学院研究生课程

《设计前沿》课程系列讲座（8）
DESIGN FRONT LECTURE SERIES

主讲人：杨贵庆
SPEAKER: YANG GUIQING

同济大学建筑与城市规划学院教授、博士生导师，城市规划系系主任；兼任同济大学新农村发展研究院中德乡村人居环境规划联合研究中心主任；中国村镇规划和建设智库专家；《城市规划学刊》、《国际城市规划》等编委；同济-黄岩乡村振兴学院执行院长。获同济大学城市规划专业学士、硕士和博士学位，哈佛大学设计学硕士学位。

04.24 FR

主题：新乡土建造
TOPIC: NEW RURAL CONSTRUCTION

"新乡土建造"是在"新乡土主义"理论指导下实施乡村振兴战略的工作范式，它通过"乡村振兴工作法"，依靠创造性转化、创新性发展，因地制宜、循序渐进，推动乡村全面振兴。十项方法包括：文化定桩法、点穴启动法、柔性规划法、细化确权法、功能注入法、适用技术法、培训跟进法、党建固基法、城乡共享法、话语构建法。

时间： 2020/04/24　15:30-17:0
TIME:15:30-17:00, 24th, Ap

地点： 同济大学建筑与城市规划学院B楼钟庭报告厅
（因疫情改为网上授课）
VENUE:The Bell Hall,Building B,CAUP,Tongji Universit

图 44　研究生课程讲座宣传海报

（照片由杨贵庆提供）

在此编入这张学生根据我提供的图片编排的海报，作为"时空坐标"的一个注点吧（图44）。

记录完成于 2020 年 6 月 6 日 12：00

同济绿园添秋斋

社区规划师"美丽家园"讨论会

2020 年 5 月 13 日（星期三）

　　受杨浦区规划局之邀，5 月 13 日下午去新江湾城街道办事处参加"美丽街区""美丽家园"的方案讨论并研究该街道下一步工作。作为 2018 年受聘的杨浦区"社区规划师"，我联系的街道就是新江湾城。从去年、前年两年中，一直协助该街道完成"时代花园"东侧的社区绿地游园改造，并且亲自画了设计方案稿，但由于资金和用地权属复杂，一直没有实施，甚是可惜。疫情期间一直没有动静，如今半年过去了，疫情防控等级降至三级，大家又可以面对面开会讨论方案了（图 45）。

　　从同济大学驱车前往，到街道办事处大楼。会议是在 308 室召开，下午 4：00 开始。主要由上海同济规划设计院有限公司设计小组汇报"悠方广场"的设计方案。本来负责人王颖老师会到场，但临时去温州出差了，由张金波汇报。杨浦区规划自然资源局的项目部成元一部长到场，她作为项目的上级主管单位。成元一原来是同济城市规划专业毕业，和现在同济规划系的程遥老师是一届，目前已成为地方政府相关

图 45　讨论会现场

（照片由房佳琳提供）

部门的中坚力量。新江湾城街道办事处的唐明祥主任也到场听取汇报，并作交流。我的博士研究生房佳琳从常州赶来，跟踪研究，作为她博士论文的重要案例。她的选题是"多元主体下的社区规划实施机制研究"。

在设计单位汇报介绍方案之后，我谈了三点意见：

一、设计师进社区是推进社区规划的重要力量。一般来说，地方政府对社区规划的需求，和一个地方的经济社会发达程度有关。如果是经济社会发展落后的国家或城市，老百姓生活艰难，温饱和基本住房都难以满足，政府也就无力开展社区规划。但如今上海、北京的人均 GDP 达到了一定程度，"社区规划"需求也就产生。这是因为在温饱满足的基础上，老百姓就必然开始关注居住的周边环境，"市民"意识逐渐觉醒，社会参与角色逐渐形成。因此在这一过程中，具有空间环境设计能力的规划师先行一步进入社区，可以为地方政府推进社区规划工作出谋划策，提供咨询决策。但在这个关键时刻，社区规划师的沟通能力和设计方案创新创造力显得尤为重要。一个好的规划设计，可以起到汇聚各种资源、"点穴启动"、提振各方面信心的作用。

二、"美丽家园"社区规划有三个工作层次：①环境整治。这是初期阶段，治理环境脏、乱、差，搞好环境卫生，规范秩序；②生活舒适。这是提升阶段，在第一阶段基础上，针对居民日常生活所急需的公共配套设施，加以补充，提高使用的便捷性；③文化提升。这是较高阶段，倡导精神家园，社区的人文性，筑建睦邻互助精神，克服民众精神心理上的散沙和碎片，提升社区归属感，凝聚共识共建。当然，要达到第三阶段，一方面依靠较高的生活收入水平和经济实力，另一方面需要政府加以引导。通过"空间＋主题文化"的方式，为社区各类文化主题活动提供物质空间载体。

三、新江湾城街道"新"在哪里？要专门研究一下新江湾城街道的文化内涵，提炼文化主题，也包括"旧"江湾城的历史发展过程。对于新江湾城的新时代发展，要凝练一个系列文化主题，再通过空间"宣示"，如主题墙绘、主题雕塑、地面提示等空间艺术创造，形成本地居民的文化共识和自豪骄傲的文化内容。例如，可提炼出10条，并相应地选十个地方来打造主题空间，建成之后加以宣传，可印制成10张一套明信片进行文化传播,也可利用互联网公众号微信推送宣传。总之,新江湾城街道目前的优势在于生态绿化,但今后要更加体现人文性。

唐明祥主任听了我的发言之后,肯定并叮嘱建设主管部门与宣传口对接,落实这一建议。会议时间不长,但比较有效。这也是疫情以来第一次开展面对面的交流。虽然现在创新了网上授课、网上会议的许多方法,但我仍然感到,有许多事情,还是需要通过面对面的交流讨论,才能达到更好的效果,恐怕就是因为人与人面对面交流的价值,才是物质性的城市空间得以存在和优化的依据和信心吧。

记录完成于 2020 年 5 月 14 日 17:00
同济联合广场添秋季工作室

又一年规划系校庆学术报告会

2020 年 5 月 20 日（星期三）

一年一度的同济大学城市规划系校庆学术报告会下午 1: 20 举行。由于疫情影响，这次报告会是通过 ZOOM 在线方式。但由于吸引力非常大，300 人 ZOOM 会议室顷刻爆满，还好事先准备了腾讯同步录播的方式，但腾讯的一个线上会议室 300 人也不多时即爆满，连续又加开线上会议室，直到开了第五个会议室才满足听众人数需求，最终参加者达 1470 人之众。如果是线下，根本无法达到这样传播的速度和广度。可见信息网络时代，传播的力量是惊人的。

早在一个月之前的 4 月份，规划系系务会议三人小组（我，还有两位搭档副系主任耿慧志教授、卓健教授）就已经筹划在线组织这一次校庆报告会。系里老师报名踊跃，而且还得到了吴志强院士的大力支持，专门安排了 45 分钟特邀报告的板块。其他报名的 11 名老师根据题目分设了三个板块，分别为：城市治理与规划、国土空间与规划、技术方法与规划。

报告会之前我安排师门研究生做会议记录，包括博士生王丽瑶，研二的硕士生张宇微、秦添，研一硕士生汪滢、王宣儒和南晶娜，每人对分配的每一个报告做500字概述，作为给学生一次高强度学习训练的机会吧。汪滢同学做了初步统稿。由于学生各自的记录字数太多，所以我用了大半天时间精心斟字酌句，特别是把每位发言的文字高度概括提炼，才形成宣传稿交学院党办唐育虹老师发布。唐育虹老师的工作效率极高，当天傍晚就在学院微信平台推送了，还专门排版设计。微信的推送又起到了很好的推广作用，阅读量已达2470人（写此文当日）。我也附题"云游学海、展望未来"转发了朋友圈。我想，报告会的记录对于后来者的研究也许是一份难得的资料吧（图46）。

在学术报告会结束的时候快要到下午6：00了，最后我作了小结（记录如下，这一段没有放入宣传稿）

衷心感谢赵民教授精到的学术总结和综合点评！限于时间关系，只能给赵老师13分钟。这确实是一项十分艰巨的工作。赵老师要听一个下午的演讲并要迅速做出回应、高度概括，这里面浓缩了他敏锐的学术智慧。赵老师的点评和总结聚焦了观点、凝练了焦点、拓展了视点。

在学术报告会快要结束之际，让我们再次衷心感谢今天12位报告人，感谢学院党委书记彭震伟教授致词，特别感谢特邀报告人同济大学副校长吴志强院士的支持和学术引领；衷心感谢三个板块的主持人，感谢本校的各位师生、各位校友和兄弟院校师生的参与！感谢海报制作人汪滢同学，以及学院干部培训中心老师的云技术支持！

1907-2020

建筑与城市规划学院 城市规划系
2020年同济大学校庆学术报告会

TONGJI UNIVERSITY
CAUP

时间：5月20日，周三，下午13:20-18:00
地点：Zoom会议形式

一、第1板块：**开幕和特邀报告**（主持人：杨贵庆 教授/系主任）

13:20-13:25 领导致辞/ 彭震伟 教授/学院党委书记
13:25-13:30 报告会和演讲人简介/ 杨贵庆 教授/系主任
13:30-14:15 特邀报告：2035城市置顶技术展望/ 吴志强 院士/副校长

二、第2板块：**城市治理与规划**（主持人：耿慧志 教授/副系主任）

14:15-14:30 报告1：城市更新范式转型与城市治理能力建设——杨浦建设知识创新区的若干思考/ 张尚武 教授
14:30-14:45 报告2：后疫情时代健康城市空间规划思考/ 王兰 教授
14:45-15:00 报告3：城市空间结构、病毒传播与控制模拟评价/ 潘海啸 教授
15:00-15:15 报告4：从微设计到微治理：上海市徐汇区康健社区参与式微更新/ 李晴 副教授
15:15-15:30 提问与讨论

三、第3板块：**国土空间与规划**（主持人：卓健 教授/副系主任）

15:30-15:45 报告5：规划学科和教育：适应从城乡规划到国土空间规划的转变/ 孙施文 教授
15:45-16:00 报告6：乡镇国土空间总体规划编制指南的技术要点探讨/ 张立 副教授
16:00-16:15 报告7：美丽乡村、青春同行——"乡村振兴研习社"的一些探索和思考/ 陈晨 副教授
16:15-16:30 提问与讨论

四、第4板块：**技术方法与规划**（主持人：张立 副教授/学院培训中心主任）

16:30-16:45 报告8：城际人口迁居视角下的中国城镇化空间格局特征——基于百度迁徙数据的研究/ 钮心毅 教授
16:45-17:00 报告9：面向国土空间规划的低效空间识别与挖潜/ 程遥 副教授
17:00-17:15 报告10：国土生态空间的大数据与新技术应用探索/ 刘超 助理教授
17:15-17:30 报告11：城乡规划研究生学位论文的问题及应对思考——一个评阅人的视角/ 朱玮 副教授
17:30-17:45 提问与讨论

17:45-17:58 总结和综合点评/ 赵民 教授
17:58-18:00 宣布结束/ 杨贵庆 教授/系主任

人员照片按
姓氏汉语拼音序

陈晨 副教授　　程遥 副教授　　耿慧志 教授　　李晴 副教授　　刘超 助理教授　　钮心毅 教授　　潘海啸 教授　　彭震伟 教授

孙施文 教授　　王兰 教授　　吴志强 院士　　杨贵庆 教授　　张立 副教授　　张尚武 教授　　赵民 教授　　朱玮 副教授　　卓健 教授

同济大学建筑与城市规划学院

图46　学术报告会海报

（图片由规划系办公室提供）

我们大家用一整个下午分享学术、庆祝母校113周年生日，并和学术同道一起"云游"了学术疆界。尽管由于疫情，各位无法回母校、来同济，但是云上的交流，反而使得实际参加的人比原来预期的更多了。感谢大家！感恩时代！

这场别开生面的学术报告会究竟有哪些人参加？具体的人名实在难以统计。但是兄弟院校的师生是十分热情的。远在厦门大学的杨哲教授专门询问我参会的号码密码，云南的昆明理工大学规划系主任撒莹老师告诉我，她通知师生积极参与听讲。一场学术报告会1470人参加，可见师生和社会同行对同济城乡规划学术活动的关注，这反过来要求我和我的团队努力把专业和学科的工作做得更好，才能担负起城乡规划培养人才、服务城乡可持续发展的时代重任。

记录完成于 2020 年 5 月 31 日 11：00
同济绿园添秋斋

附：学术报告会微信推送稿

2020 年校庆学术报告会　城市规划系专场顺利举行

CAUP 同济大学建筑与城市规划学院 2020-05-24

开幕式和特邀报告板块

　　主持人：杨贵庆

开幕式致辞

　　建筑与城市规划学院党委书记　彭震伟教授致开幕词

　　学院党委书记彭震伟教授代表学院欢迎与会的各位在同济大学 113 岁生日之际来到校庆报告会建筑与城市规划学院城市规划系专场共同庆生。他指出：第一次以线上举办校庆学术报告会的新方式提供了新机会与新思考，各位同行可共同探讨新技术对于学科及发展产生影响，传统的规划方法与规划内容、思维过程的不足之处如何进一步得以改进；希望通过学术交流，思考规划学科如何更好促进国家和地方的经济、社会的高质量发展。

特邀报告

　　中国工程院院士　同济大学副校长　吴志强教授作特邀报告

　　吴志强院士特邀报告的题目是"2035 城市置顶技术展望"。他从《国家中长期科学和技术发展规划纲要》(2005—2020)"城镇化与城市发展"领域讲起，基于"大（数据）、智（能城市）、移（动通讯）、云（计算）"的宏大回归与推演，概括了 2035 年我国城镇发展的十大基本背景；首次创新提出未来城市规划设计技术的五大突破方向，包括：①城市全生命周期的智化；②"新基建"的全面建构；③城市规划的创作方法与创作过程的全面智化；④"城市物质感知"到"城市情感感知"的转变；⑤城市迷走神经微系统的全面建构；在此基础上，系统展望了未来城市置顶技术的九大领域，以及涉及的 100 项专门技术；报告最后高屋建瓴指出了未来发展的三大智化，即"城市智化、规划智化和组织智化"；报告为我国下一个 15 年国家中长期计划的"城镇化与城市发展"目标勾勒了全景式蓝图；为精准认识和把握城镇化和城市发展规律、促进传统城市规划向现代城市规划发展指明了城乡规划学科的新方向。

主题 1：城市治理与规划

主持人：耿慧志

张尚武教授的报告题为"城市更新范式转型与城市治理能力建设——杨浦建设知识创新区的若干思考"。报告回顾了上海市杨浦区从"工业杨浦"到"知识杨浦"再到"幸福家园"的转型发展，提炼了"城市更新"与"城市治理"两条主线，通过城市更新支撑知识创新区建设；指出科技创新、城市更新与社区治理三项重点，将城市空间存量优化，以价值取向、更新模式、治理手段的统一为目标，把资源转换为新的生产力，以基础维度、支撑维度、目标维度为导向，营造创造知识创新区新空间生产的新模式。

王兰教授报告以"后疫情时代健康城市空间规划思考"为题，深度思考健康城市空间规划：①理念变化。新冠疫情带来空间价值观的变化，空间的健康性、兼容性和应急性需纳入城市空间的价值观；②研究拓展。构建健康城市规划的"四要素、三途径"理论框架，对规划原则进行再思考；③实践探索。采取跨领域循证实践模式，涵盖宏观、中观、微观空间的多尺度工作框架；④未来愿景。注重健康风险、健康要素和资源、健康公平三方面的研究实践，构建"实证研究＋规划设计实践＋健康影响评估"三位一体的健康城市规划体系。

潘海啸教授报告以"城市空间结构、病毒传播与控制模拟评价"为题，指出我国（特）大城市尚缺乏在遭受疫情大范围冲击下对城市多模态运行的考量；提出城市空间结构仿真模拟，以"有无公交感染控制"为变量，模拟疫情下城市感染人数的增长；指出未来城市"5D交通模式"：①建设早期预警体系，多学科多领域联合；②严格控制高耗散型规划建设，鼓励高效城市空间结构；③控制人类活动与野生动物的交集；④从空间布局、城市设计、信息和车辆全面提升公交服务水平；⑤构建更多更安全的街道空间。

李晴副教授报告题目是"从微设计到微治理——上海市徐汇区康健社区参与式微更新"，指出微更新要回归社区本源，提高居民参与水平；通过"微设计"实践促进"微治理"，居民参与促进建构社区"实体"，塑造富有情感、公共理性和公民美德的有机社区共同体；参与式社区微更新的相关主体包括区级政府部门、设计施工公司、居民委员会、物业公司、社区居民以及NGO组织；基于在地工作坊的行动研究模型，往复推进深化，寻求共识；规划师的角色从设计人员转变为"触媒"，除了专业知识，还承担组织、动员、协调、化解冲突等职能。

主题2：国土空间与规划

主持人：卓健教授

孙施文教授以"规划学科与教育——适应从城乡规划到国土空间规划的转变"为题，从规划体系、对象、内容、管控方式等角度探讨了城乡规划到国土空间规划的主要转变；同时，从学科定位、整体架构、思维能力、教学内容和体制等角度探讨了规划学科和教育应当在哪些方面进行完善；城乡规划学科的定位应当是国土空间规划多学科工作平台的主干型学科；应当从本体论、认识论、方法论三个层面完善规划的整体架构；建立战略—策略—政策—措施的完整逻辑链，提升改造、改善、解决问题的思维能力，培养人才的目标是培养有专业方向的"通才"。

张立副教授以"《乡镇级国土空间总体规划编制指南》的技术要点探讨——国际经验研究的视角"为题，介绍了乡镇级国土空间总体规划在编制中面临的问题，以及空间规划改革对乡镇层面的要求，提出乡镇级国土空间总体规划编制应当落实国家治理体系与治理能力现代化要求、生态文明导向下城乡融合发展等要求；结合法国、英国、荷兰等国际案例和经验，提出了相关建议；总结了编制指南的技术要点和技术框架的最新成果；同时指出同步推动如行政区划、财税制度、空间管控立法推进等相关领域变革的重要性。

陈晨副教授以"美丽乡村 青春同行——'乡村振兴研习社'的一些探索和思考"为题，指出该研习社以推动全校范围乡村振兴相关理论学习、社会实践、志愿服务和创新创业等工作为宗旨；成立两年来组织了读书会、培训会和大量乡村调研，派出18个小队；以类型学视角对全国四大地域60个典型乡村进行深度的在地研究，实践"设计下乡、政策下乡、理论下乡、服务下乡"，通过在地设计激活乡村基础教育设施、乡村新型产业模式、乡村文化认同感；在产、学、研、行政"四位一体"联动下，研习社获得了如全国挑战杯等奖项，社会效应扩大。

主题3：技术方法与规划

主持人：张立副教授

钮心毅教授以"城际人居迁居视角下的中国城镇化空间格局特征——基于百度迁徙数据的研究"为题，探索人口的流动迁居形成了我国的人口城镇化格局；利用百度迁徙数据，以全国地市为空间单元，通过比较春运与平日的城际出行特征，分离出春运节前返乡的人口流量与流向特征，由此测度长期城镇化进程中发生的城际迁居人口规模与空间分布特征；在此视角下，我国的人口城镇化形成了南北分异的空间格局，

LISA 局部空间自相关性分析得到我国地理南北分区"秦岭－淮河线"基本符合这种南北分异特征；这一趋势可能会导致我国南北方走不同的城镇化道路。

程遥副教授以"面向国土空间规划的低效空间识别与挖潜"为题，提出判定低效用地的不同方法途径；时间维度上，不同发展阶段的省市因集约水平不同，对于"低效"的界定也应不同；空间维度上，应从全域全要素角度理解资源配置的空间机会成本，关注存量建设用地潜在的农业、生态价值；挖潜低效空间是通过公共政策引导空间资源配置优化的过程；当前国土空间规划编制体系为低效用地有效治理提供了制度保障；建立面向国土空间规划的层次体系与传导机制，设置不同层级的管控重点与精度，结合各类空间管控政策线等进行低效空间的挖潜。

刘超助理教授以"国土生态空间的大数据与新技术应用探索"为题，指出需克服数据种类、来源和质量的不足，利用传统数据和国内外开放大数据源，整理国土空间生态环境数据库；可将其划分为基础地理类、城乡规划类、土地资源类、水资源类、环境类、生态类和灾害类等，以此为基础开展现状评价与风险评估；评价方法面临数据精细度、方法科学性等方面的挑战；不同层级区域所需的数据类型不同，各类数据对应不同的分析技术与评价方法；开发适合规划人员操作的国土空间规划评估评价数据模型平台，为国土生态空间研究与规划奠定基础。

朱玮副教授以"城乡规划研究生学位论文的问题及应对思考"为题，以其近7年评阅的50篇城乡规划专业研究生学位论文为样本，围绕研究动机、数据和方法、问题总体特征，按出现频率排序梳理归纳6类问题：研究方法、研究设计、文献综述、研究结论、研究规范、研究内容；建议加强实践问题导向的学术思维训练、基于理论的研究设计训练、阅读能力和批判性思维训练，鼓励植根现实的研究范式、扎实定量研究方法训练、从严审核论文开题、建立论文质量监测体系和应对方法论；建立研究生论文质量监测体系，开展更科学的研究。

总结与点评

赵民教授指出，此次报告会体现了同济规划系人才济济、思想活跃、成果丰富的特点；报告内容涵盖了规划学科发展的前瞻性问题及长远导向，学科正面临的规划体系转型问题，以及以空间规划与健康生活为代表的热点问题，给大家带来了异常丰盛的学术大餐。具体来说，张尚武老师关于杨浦的研究具有很多亮点，其中很重要的是在科技与民生两个导向下进行共同价值的判断；王兰老师展示了其选定健康城市研究领域的前瞻性，实证了健康与空间规划的关联性；潘海啸老师证明了空间结构与疾病传播的关系，也提供了规划学科新作为的方向；李晴老师的实践与研究表明微设计与微治理两者需相互渗透、密切结合；孙施文老师展示了规划体系转变对学科建设的意义与挑战，规划应作为骨干学科与其他学科协同发挥作用；张立老师对乡镇国土空间规划编制指南的研究很有意义和难度，乡镇规划编制对应的事权尚需研究；陈晨老师的工作表明乡村振兴不只是规划技术问题，也是社会教育问题，乡村是学生的第二课堂；钮心毅老师的研究展示了大数据研究的价值与可能性，新的数据带来了新的研究路径、发现与思考；程遥老师阐述了未来规划工作重点转向低效空间识别的趋势；刘超老师对国土空间规划数据的来源与用处进行了很好的展示，呼应吴志强院士的报告，证明新技术是学科强有力的武器，也论证了城乡规划学科应和其他学科协同工作；朱玮老师关于学位论文的报告非常重要，报告非常具有实操性。

本次校庆报告会采用了线上交流的方式，吸引了校内外广大师生和校友，也受到了兄弟院校热爱城乡规划专业师生的关注和热忱参与，与会者人数最高达到 1470 人规模。校友们通过参与学术报告会的方式，不仅共同"云游"了城乡规划研究的学术天地，而且也为母校校庆生日表达了一片片祝福。

（海报设计：汪滢；报告会文字记录整理：王丽瑶、张宇微、秦添、汪滢、王宣儒、南晶娜。审阅：杨贵庆）

网上听李佳能先生作报告

2020 年 5 月 26 日（星期二）

    下午学院全院大会之后，3：30-5：00 按计划举行线上党小组活动。由中共同济大学建筑与城市规划学院教工第四支部、第六支部，与上海市浦东新区规划设计研究院党支部一道，举办一次主题党日活动。线下的会场设在浦东规划院，而其他人则通过 ZOOM 线上参会。

    会议由教工第六支部书记邵甬教授主持，浦东规划院吴庆东院长、钱爱梅副院长等均在线下会场。主题报告人是李佳能先生。由于他曾担任过浦东政协的领导，大家习惯称呼他"李主席"。李主席曾在浦东改革开放初期参与了规划建设，之后又任职于"浦东新区规划设计研究院"领导，对浦东新区创建发展的过程亲身经历，因此，他报告的题目是"开拓创新，勇立潮头——浦东开发开放三十周年"。

    报告内容十分丰富。李主席洋洋洒洒，一如之前我对他的认识，着实是一个非常智慧且内敛的人。他观察问题十分敏锐，人又谦逊，受大家敬重。报告会中，李主席回顾的浦东开发开放三十周年规划建设的一些细节内容，十分珍贵。

他最后谈到城市规划学科如何更好地发展，谈到城市规划为社会服务、心怀大爱的问题，以及面对国内外竞争和合作的思考。面对城市经济、文化和人口变化，城市规划的思想、人才如何发展？需要再进行"系统性、大局性和超前性"的思考。由于时间所限，李主席似乎还有许多内容来不及展开，即使如此，也一直讲到下午5：15了。

之后是提问交流环节。邵甬老师希望我代表规划系发个言。本来我打算建议同济规划院院长周俭教授发言，他1962年生，毕竟长我4岁，资历比我高，而且代表规划院方面更为对等合适。但了解到他参会的网络和视频稳定性有点问题，最后还是让我作为代表发言。

当打开视频的时候，李主席看到了我，他十分高兴，隔空对话起来。相对于如今在座的二三十岁的年轻人，他更加熟悉我了，顿觉十分亲切。我在听讲的时候稍微做了些记录，并准备了发言的提纲。作为难得的"云端"会晤，也为了记下即刻的感悟，为后来者的研究作参考，便记下我发言的内容如下：

尊敬的李主席您好！我是杨贵庆。首先向您致以崇高的敬意！今天的日子十分特别，不仅是因为主题党日活动，而且这些天还是同济大学建校113周年校庆周、校庆月，您是同济校友，一起为母校庆生，再有，今年是浦东开发开放三十周年，您给大家作关于浦东新区规划建设历史发展进程的报告，十分有意义。接下来我谈3点感想：

其一，您的报告非常精彩。报告回顾了您亲历的浦东改革开发开放的规划建设进程，信息量非常大，您讲得非常生动、非常亲切、非常感人。您作为我的老师辈分的规划专家，作为浦东改革开放的先行者、拓荒者、开拓者的一代人，开创了浦东现代化城区规划建设的新格局，浦东新区30年发生了翻天覆地的历史巨变，为上海当今现代化国际大都市地位奠定了坚实的基础，其中浦东新区的城市规划和建设贡献巨大，成绩可歌可泣、令人敬佩！

其二，感谢您的教诲。您的报告教诲了我们许多。我本人也曾当面向您请教过，那是1996—1998年，浦东新区农村发展局（简称"农发局"）委托我们同济大学团队参与，统筹浦东新区自然村改造。当时我拿着一张A0大小的图，浦东新区自然村改造三年规划，向您当面汇报，记得当时会议室里还有赵启正副市长。我们的方案得到了您的肯定和指点。可以说，上海大都市建成区周边的乡村改造和转型发展探索，从那个时候就开始了。

其三，积极展望"长三角"一体化的未来。您在报告中提出当年创建浦东新区规划设计研究院的情景，您说当时特别加上了"研究"两字，希望更多思考探索。当时就站位很高，把浦东发展作为"长三角"、江浙沪的整体发展来谋划。在今天"长三角一体化"国家战略的背景下，又指出了浦东发展的新时代角色，这是一个历史的延续，从回顾三十年发展的历程，这又是从"历史、现实、未来"的跨越，对未来发展做出思考。

最后，回到主题党日的活动主题，我作为一名普通党员，深受教育。作为一名规划人，要向李主席学习，心怀大爱，努力做好本职工作，为新时代的城乡规划教育和实践做出贡献！

报告会结束之后，一些感悟久久在我脑海里激荡。我想到前辈的人生坚守和规划职业信仰的问题。年岁在不停地增长，当年和李佳能先生一辈的风华正茂、指点江山的青年俊杰，如今年迈之后已悄然退出历史舞台。"后浪"又翻滚向前，已立潮头。如果历史进程中最为珍贵的奋斗精神和价值内核，能够通过一代一代人的传递并增长的话，便可积累成文明进步的一部分。

记录完成于 2020 年 5 月 29 日 18：30
联合广场添秋季工作室

同济规划院课题网上评审会

2020 年 6 月 2 日（星期二）

受同济规划院科研部陈涤老师之邀，参加了下午 3：00 开始的同济规划院院内科研课题评审会。由于疫情，评审会在网上举行。评委除了我之外，还有同济规划院的高中岗总工，规划院空间规划分院王颖副院长。会议由规划院科研部汪劲柏博士主持。

这次评审的共有 3 个课题，其中一个中期阶段，两个结题阶段。第一个汇报的是中期阶段的"村庄基础信息库构建及若干主要特征分析"，负责人是栾峰教授，由同样是课题负责人的杨犇汇报。结题成果一个是由童明教授负责的"城市街区肌理整合技术"，另一个是由陈晨副教授、朱介鸣教授负责的"云南花卉产业链发展的空间特征及其对城乡规划的启示"。

陈晨老师的课题成果丰富，具有探索精神。相对来说，童明老师的课题成果主要内容侧重于理论、策略、问题分析和案例应用，并没有准确地应对关于城市街区肌理的"整合技术"或肌理整合的"技术"，因此并没有很好地回应所设定题目的关键词要求。

期间，朱介鸣教授提出要发言5分钟。他主要讲了作为城市规划学者之前对乡村问题了解并不多，他通过深入调研，才发现乡村问题并不简单，不仅是空间问题，而且是社会公平问题，挑战很大。

待课题负责人汇报了之后，3位评委分别作了评议。我针对陈晨老师的课题提出了相应评议：

云南花卉产业链发展的空间布局和演进，反映出我国快速城镇化过程中的这一类乡、镇、村的急速变化，即：位于城乡结合部的市场型、劳动密集型的人居单元（不论是乡镇还是村庄），形成了"生产系统、社会系统、规划干预"的逻辑关系。

这一类人居单元具有类型学的意义，它放大了得利人群（经营者）和失利人群（无法进入产业链的原住民）的差异，导致得利人群对失利人群的利益碾压，产生巨大的社会矛盾冲突，异常激烈。在光鲜亮丽的花卉市场室内与杂乱无序、条件恶劣的居住环境之间产生了巨大的反差，足以引起规划者对人居环境品质的深思。

总体来看，我国正在进行的城镇化道路，是饱含艰辛的。多少人主动或被动地作出了巨大的牺牲，生态环境付出了巨大的代价，在全球资本利益链层层盘剥下，生产力（特别是技术水平）落后的国家和人民无疑是痛苦的并承受着历史的考验。希望付出的代价能够在生态环境和社会韧性支撑的范围之内，从而实现可持续发展的中国城镇化现代化目标，实现从数量到质量的跨越。

记录完成于 2020 年 6 月 2 日 17：45
同济联合广场添秋季工作室

送别罗小未先生追悼会

2020 年 6 月 12 日（星期五）

　　6 月 8 日早上 6：30，罗小未先生仙逝，享年 95 岁。消息比较突然，8 日当天上午 11：00，我正在与耿慧志、卓健两位副系主任线上进行着系务会议，看到 CAUP 院微信群里一阵连一阵急促的微信提示，一看才知道这件事。学校、学院也迅速反应，各方面都迅速联系、联动了起来。"罗小未先生治丧委员会"于当日成立，委员会成员同时公布，为了这一重要事件，将其摘录如下：

　　"罗小未先生治丧委员会"（按姓氏笔画为序）

　　方守恩　王伯伟　王晓庆　卢永毅　冯身洪　伍　江

　　刘　颂　汤朔宁　孙彤宇　李振宇　李翔宁　杨贵庆

　　吴广明　吴长福　吴志强　陈　杰　陈秉钊　张尚武

　　郑时龄　顾祥林　唐育虹　陶松龄　黄一如　常　青

　　彭震伟　韩　锋　蔡永洁

　　治丧委员会一共 27 人。学院彭震伟书记对我说，相对于学院曾经操办过的追悼会，这一次有 7 名现任校级领导参加，这种规格是之前没有过的。可见罗小未先生的影响之大、事件之重要。

6月12日上午的追悼会，学校党委书记方守恩教授亲自参加并宣读了罗小未先生生平。追悼会由学校常务副校长伍江教授主持。前来吊唁的人群从四面八方赶来，尽管是（COVID-19）新冠肺炎疫情期间，许多人无法前来，然而，西宝兴路殡仪馆的四楼最大的厅，仍然是被人群挤站得满满。人们怀着崇敬爱戴的心情，为罗小未先生送最后一程。

追悼会大厅被布置得庄重而不失雅致，白色鲜花形成的花环，宛如波浪一样，一层一层荡漾开来，中间是罗小未先生的遗像。她的面容一如既往的智慧和慈祥，充满了坚韧和大爱（图47）。两侧是常青院士撰写的挽联，自上而下竖版，

图47　罗小未先生追悼会会场

（照片由杨贵庆提供）

写道：

> 一代英杰，以聪睿练达引领建苑通中西
>
> 百年风范，凭言传身教哺育桃李遍天下

环绕大厅的音乐，不是通常的哀乐。一开始是"*Dreaming of Home and Mother*"（李叔同后来填词"送别"的旋律），末了是宫崎骏的"天空之城"旋律，当中也有一段非常优美泣诉但又宛若云上游走的钢琴曲（很熟悉但是我记不起曲名了）。彼时只能说每个音符都直击心灵深处，而泪水便顿时充盈眼眶……

罗小未先生的辞世，可以说标志了一个学术时代的结束，着实令人叹惋。这个时代是对西方现代主义建筑研究、传播、批判思维、洋为中用的时代。罗小未先生开创的外国近代建筑历史与理论研究，不仅建立了中西方建筑历史与理论桥梁，凝聚了一批该领域的专家，而且培养了一批卓有成就的新生代。她在圣约翰大学受建筑学教育经历和后来一直扎根同济的教学科研，形成了她在近现代外国建筑历史与理论的学术成就，让人肃然起敬。

罗小未先生的学术人生和人格魅力都处于业界巅峰，尤其是她卓越气质下的人格魅力。这种超然的气质一直保持至她的晚年。由于同住在同济绿园小区，而且同一幢住宅楼，使我能够经常有机会拜望李（德华）先生和罗先生。罗小未先生和李德华先生是一对伉俪，而李德华先生是我硕士期间的导师，对我学术培育恩重。近些年来，我带领团队在浙江黄岩乡村振兴实践，频繁往返沪浙两地，有不少黄岩时令水果时常送敬恩师品尝，得此机会登门拜访，往往多有机会聆听两位的教诲，再加上我担任系主任这六年（以及副系主任7年多），每逢春节之前代表规划系向李德华先生拜年，又有机会得见罗小未先生慈祥大爱之音容笑貌，如沐冬日的暖阳，令我无比感恩岁月之这份馈赠。

　　罗小未先生的人格魅力在学术圈享有盛名。很多年之前，有一次全国性建筑历史学会的年会在同济召开，常青院士做召集人，罗小未先生参加（图48）。当时全国各地的几乎各路建筑历史与理论研究的大腕高手会聚在同济，可谓群贤毕至，盛况空前。这是并不多见的。要知道，这些人当中有不少是各路学术领军人物，学术观点并不相同，学派纷争，观

图48　罗小未教授从事建筑史教学回顾展合影
（右起：吴志强、卢永毅、支文军、李德华、罗小未、伍江、钱峰、常青、杨贵庆。照片由规划系办公室提供）

248

念差异，在所难免。我猜想他们平时并不一定同时见面交流，多半是隔空争辩。但这次因罗小未先生邀请，大家都齐刷刷地赶到同济。

那天在学院钟庭报告厅外侧，当时好像正值会议茶歇时间，开幕式刚过，大家纷纷到钟庭休息交流。只见几多花白头发之绅士风度的学者，簇拥着罗小未先生。一群人当中只有"罗先生"是位女士，其他几乎都是男士。罗小未先生以一贯的大气，穿着高贵且雅致，谈笑风生。周边年长的男士们频频点头，大家都很敬重她，并且好像以能围绕着罗先生交流而作为一种身份和快乐，也是一种规格。当时当刻，大家都十分安静地听她讲述，并不住地点头微笑。总体上感觉他们仿佛一片片宽大绿叶，而在中央，是罗小未先生如一朵高洁的学术之花绽放。那一刻的场景，像影片那样，定格在我的脑海中，至今回想起来仍然分外清晰。这应该就是所谓的学术魅力和影响力了吧。这个经典画面，定格了一个属于她的时代。

于我个人，我也十分感恩罗先生的教诲，印象中最深的有两件事情。第一件是罗先生对青年学生课余学术活动的支持。那是大约1986年吧，我当时本科大三，是学院学生刊物《未来建筑师》的主编（主编了2期），组织学生学术活动，一般在晚上，天黑容易放幻灯片。当时彩色幻灯片稀少且珍贵，如果能有几张彩色幻灯片就可以吸引许多同学前来参加活动。得知罗先生有不少拍摄非常棒的国外发达国家城市建设和建筑的幻灯片后，我就鼓足勇气到罗先生办公室去借。那时罗小未先生办公室在文远楼2楼一个比较宽大的朝南的房间，平展的大桌子，以及木质的宽大玻璃门的资料柜。问明了来意之后，罗先生从资料柜里取出两盒幻灯片，大约有几十张说让我随便挑。由于我一开始说好就借3张，也不能改口了，于是就仔细比较精心挑选了三张，如获至宝。当晚的学生学术活动，我亲自讲解。夜晚时分，当幻灯片通过光照映在白墙上的时候，大伙儿都屏住呼吸，鸦雀无声。当时学生的求知欲望十分强烈，但苦于很少获得外部信息的渠道，根本不像30多年之后的今天资讯铺天盖地。得益于罗先生的帮助，当天晚上的学术活动十分成功，我从心底里感激她对一个无名小卒的后辈之关心，这是对青年学子的关爱。

第二件事，是罗先生"不拘一格降人才"点奖到我，让我在学术起步时提增信心。那是1991年我刚从硕士研究生毕业不久留校任教，看到罗先生时任主任的《时代建筑》正举行全国建筑界论文竞赛海报，竞赛主题是"建筑的文化与技术"。由于在读研的1989年上过罗先生主讲的"外国近代建筑的历史与理论"课程，颇有心得，对竞赛主题十分感兴趣。于是撰写一文参加。题为"建筑运动中的历史性与革命性——兼论建筑的文化与技术"。当时只觉得要把自己学习心得一吐为快，所以写得也很急。没想到竞赛结果揭晓时，我的文章名列第一。我十分兴奋但也有点惴惴不安，兴奋的是我参加全国性建筑论文竞赛第一次获第一名，对自己建立学术信心大有裨益，不安的是看到有不少当时已经很有名气的业内学者排名在后，不免有些诚惶诚恐。后来这篇论文被收录在《建筑的文化与技术》论文专辑，于 1992 年 11 月由上海科学技术文献出版社正式出版。扉页上罗小未先生列为顾问。

之后的几年，罗先生通过《时代建筑》杂志主编支文军教授邀请我参加杂志的编辑务虚会。我大约参加过两次，感到十分荣幸。那次参加论文竞赛获奖对我之后学术的研究历程十分重要，因为从中确立了自己专业发展的定位，即把理论与实践紧密结合，项目设计中要体现理论的思考与追求。

很多年之后，大约 2005 年冬，我跟随吴志强院士（时任学院院长）代表团考察美国规划建筑名校的行程中，常青院士（时任建筑系主任）对我讲起获奖论文这件事，常老师说当时（1992 年）他刚到同济，从这篇得奖论文中了解到我。我听了十分受鼓舞。当年随代表团赴美考察时我的身份是院长助理，有幸忝列其中与名家们交流并获肯定，实感荣幸。现在想来，由衷感谢罗小未先生对竞赛论文获奖人员的肯定和鼓励，体现了"不拘一格"的大爱精神。

在罗小未先生辞世至追悼会之间的几天里，网上不断刷屏充满了缅怀悼念罗小未先生的微信文章、照片，大家从不同角度追忆这位"大家"。6 月 10 日下午，我也在微信朋友圈贴出图片，写道：

"缅怀令人敬仰的罗小未教授！找出 1989 年罗先生授课'外国近代建筑历史与理论'课堂笔记重读，以及受到教诲的竞赛论文，无限感恩。"

当晚，远在美国的张庭伟教授（当年我1984年本科大一的班主任老师，出国之前他担任同济城市规划系副系主任）看到我微信朋友圈信息之后留言：

"温馨回忆……也想起我受罗先生教导的建筑理论课的论文：莱特的设计及1920—30年代的美国电影。可惜找不到笔记了。……"

罗小未先生与世长辞，着实令人心痛，一个属于她的学术时代的结束。这让当年韶华岁月的青春随风而逝。所有物质的，终究归于尘埃，唯有精神品质，将成为历史而不朽。95年的人生，一定经历太多，而为后人所知的，精华处仅为点滴。这让人不免要扪心自问自省：如何体现人生的价值和意义。

记录完成于2020年6月25日15：15
同济绿园添秋斋

全校毕业典礼上的发言

2020 年 7 月 1 日（星期三）

受疫情影响，虽然今年同济大学的毕业典礼无法让每一名毕业生都回到学校参加线下的活动，但是仍然有将近 3000 名学生返回学校参加了 7 月 1 日 17:30 在四平路校区"一·二九"操场举行的"同济大学 2020 届毕业生毕业典礼"。

于此前半个月我接到通知，作为全校教师代表在毕业典礼上发言。6 月 22 日这天接到学校的正式会议通知，要求典礼当天傍晚 17:00 到体育馆一楼体操房更换毕业典礼服装出席典礼。会议通知是由学校党办、校办同时发的，都盖了大红印章，正式且庄重。

被邀请作为同济大学全校的教师代表发言，是一件十分荣幸的事情。其缘由是因为今年我被评为校级"卓越教师奖"。此奖每年评一次，全校只有 2 名教师能够获此殊荣。今年是由物理系的王占才教授和我获得。之前，城市规划系唐子来教授曾获此奖。此奖不仅是学校给予教师最高级别的奖项，而且奖金也是最多的。同济大学教育基金会给予获奖老师每人 10 万元人民币的奖金。当年在"金经昌全国城乡规划优秀论文"颁奖典礼上，唐子来教授宣布把自己获得同济大学卓越教师奖的10万元奖金捐赠给"金经昌城乡规划教育基金会"。今年的获奖者仍有10万元奖金，当学校通知我给账号的时候，我也决定以唐子来教授为榜样。所不同是，如今学院又成立了"董鉴泓城乡规划教育基金会"，所以我决定把奖金的一半5万元捐赠给"金经昌城乡规划教育基金会"，另一半5万元捐赠给"董鉴泓城乡规划教育基金会"。

毕业典礼之前的两周，我就写好了发言稿，交稿给学校，得到的反馈基本没有什么修改。我在讲稿中采用了讲述故事的方法，以结构专业中的胶囊粒子作为比喻，讲述人生作为特殊功能"社会粒子"的人才角色及其社会担当。结束句我套用了李白的"长风破浪会有时，直挂云帆济沧海"诗句，把其中的"会有时"改成"同此时"，这样，上下句中"同"和"济"呼应，藏字而形成"同济"，既鼓舞毕业生奋发有为的士气，又体现出同济大学的特色。

在典礼开始之前的几天，我反复排练发言不下十次，所以在台上面对全校师生和同步网络转播的镜头前，镇定自若，5分钟时间控制得很好，一气呵成。此外，我在制作和发言同步播放的PPT时，还专门把讲稿中的所有关键词语提取出来，通过排列构成了"同济"两个字的图案。这些关键词随着我的演讲过程，一个个跳出来，最后讲到末了的时候，"同济"两字就完整地显现在大屏幕上（图49、图50）。

作为一名教师，能够受邀作为全校教师的代表，在全校

图 49　毕业典礼作为教师代表发言

（照片由江平拍摄）

图 50　荣获同济大学卓越奖

（右二：杨贵庆。照片由江平拍摄）

的毕业典礼上发言，这应该是教师生涯的"高光"时刻吧。我想，今后我也基本不会再有这样相同的经历，也仅此一次。对于我教育生涯的人生旅途和时空坐标，这应该是值得记录的吧。为此，也把当日的发言文稿附记于后。

记录完成于 2020 年 7 月 11 日 17：50

同济联合广场添秋季工作室

附：毕业典礼 – 教师代表发言稿

你愿做一颗正能量的粒子吗？

建筑与城市规划学院　杨贵庆

（2020 年 7 月 1 日）

尊敬的各位老师、亲爱的毕业生同学们，大家晚上好！

很荣幸能够作为教师代表在此发言，寄语即将毕业的同学们！

我曾听过我们学校结构专业的一位教授演讲。他说，大跨度桥梁等重大工程的基础结构浇灌混凝土的时候，采用他们研究出来的、比较先进的技术，即：把一些特殊功能的胶囊粒子拌入混凝土和钢筋等材料，当基础结构受到外力破坏性干扰、或材料自动老化进入半衰期的时候，这些胶囊粒子会得到感应，并且立刻自动破壳，释放出胶囊内的凝结分子，起到凝结和修复破损材料并增强受力的作用。这种带有"潜伏"色彩的胶囊粒子，让人感觉很神奇。我当时听了之后，印象很深。

这让我联想到社会工程。如果把这种带有特殊功能粒子的概念转用到社会工程上，那么，这样的社会粒子应该就是一种发挥特殊作用的人才。我们知道，一个社会是由各种人群组成的，当下的中国人正为实现伟大的"中国梦"而不懈奋斗，其表现出来的磅礴力量令人惊叹。但是，我们也知道，每天高速运行的社会有机体，也可能出现懈怠之时，更何况，除了社会正能量之外，还有不少来自内部和外部破坏性的作用力。谁，能够起到像具有特殊功能的胶囊粒子那样，具有修复和增强社会有机体的正能量作用？在未来的某一天，当社会有机体需要有人站出来、发挥这种特殊修复和增强功能的时候，在座的同学们，有谁可以勇敢并自豪地胜任？

未来更加现代化的中国，太需要这样的、具有特殊功能的正能量社会粒子了！大国工匠的事业，需要这样的接续力；科技界的很多平常领域，需要这样的接续力；社会各行各业的继承、革新和创造，都需要这样的接续力。我们在座的毕业生，在融入社会时不大可能短时期就获得非常重要的角色、起到非常大的作用，更多的人，需要沉得下身、耐得住寂寞，默默耕耘，就像那些"潜伏"的胶囊粒子，也许较长时间内就是没有什么声音。但是，未来的某一天，一旦国家、社会和人民需要，我们是否能够像具有特殊功能的胶囊粒子那样接受指令，破壳而出，勇敢而自豪地担当起改革、创新、引领社会奋勇向前的时代重任？

这样的一颗具有特殊功能的正能量粒子，必定是有着坚定的社会理想、卓越的专业能力、强大的健康身心、充满同情心的大爱精神。今天，各位同学行囊已备，将奔赴四面八方，作为同济的一名老师，我希望每一位同学坚定信念、身体力行，努力成为一颗颗看似平凡却是伟大的社会粒子！让我们：长风破浪同此时，直挂云帆济沧海！

最后，衷心祝贺各位，顺利毕业！祝福大家，美好前程！谢谢！

乡村振兴云讲堂

2020 年 7 月 5 日（星期日）

　　一周之前的今天，下午 14：00-16：30 受邀参加了清华大学乡村振兴工作站、乡村复兴论坛主办的"乡村振兴云讲堂"（第七期），主题是"怎样做出好的乡村规划"。先是清华大学罗德胤副教授发来的微信邀请，后来周政旭副教授又做后续的联系，定了主题报告的题目："文化定桩——乡村规划的要义"；之后发来了云讲堂的正式安排。

　　14：00-14：05　嘉宾介绍

　　14：05-14：50　主题报告一：文化定桩——乡村规划之要义

　　杨贵庆　同济大学建筑与城市规划学院教授，城市规划系系主任

　　14：50-15：35　主题报告二：乡村建设——从空间到治理

　　段德罡　西安建筑科技大学建筑学院教授，陕西省村镇建设研究中心主任

　　15：35-16：05　主题报告三：从调查到实施——一个布

依山村的5年"规划"过程

　　周政旭　清华大学建筑学院副教授

　　16：05-16：20　嘉宾对谈

　　何兴华　住建部科技委农房与村镇建设专委会主任委员、中国城市规划学会副理事长

　　武廷海　清华大学建筑学院教授，城市规划系系主任

　　云讲堂采用的是腾讯会议方式，参加的人数一度有148人之多，不知是否还有同步转播。在会议结束之前，清华大学建筑学院党委书记张悦教授致辞感谢与会嘉宾。何兴华副理事长和武廷海教授作了精彩的点评，言语中都十分客气，所谈的观点也体现出他们的睿智和专业素养。

　　针对"怎样做出好的乡村规划"这一命题，应该说很难有一个标准的答案，或者说答案应该是多样的。因为我国各地乡村发展的情况、条件很不相同，社会、经济、文化、生态环境等多方面的差异性，决定了"好的乡村规划"应该是从实际出发、因地制宜地来做规划。在主题报告的开篇，我对"好的乡村规划"之"好"作了阐释，用了一连串的形容词，"适合的、因地制宜、具有韧性和可持续性的、进步的"规划。因此，"好"的内涵是丰富的、深刻的。这是多年来我从浙江黄岩美丽乡村、乡村振兴实践过程中深切感悟到的。

　　在当前乡村规划建设发展过程中，确立乡村的"文化"灵魂是重中之重，是建立乡村自信和价值的关键所在。千百年来传统农耕社会文明进程，积累了大量物质、非物质文化

遗产、遗存，它们是与城市物质水平现代化媲美的关键，也是乡村振兴的核心竞争力。因此，在改善乡村宜居性的同时，保护、传承和创新乡村优秀传统文化，将是乡村现代化的灵魂所在。文化是乡愁的凝练，更是乡村的灵魂。这次经过考虑，以"文化定桩——乡村规划之要义"为题，正是想突出这一点。

段德罡老师和周政旭老师也各自谈了多年实践的体会，介绍了实践点的艰苦经历，反映出他们专业的坚持和追求精神，令人敬佩。周政旭老师讲述的贵州案例让人再次深切感受到西部经济欠发达地区乡村的贫瘠和发展的巨大挑战。

贵州的少数民族地区本来就深植自然环境中，而当年轻人离开之后，就如釜底抽薪，造成断代。这与东部浙江黄岩乡村完全是两种经济社会发展状态。

因此，必须要通过自上而下、自下而上紧密结合的工作方法。在顶层设计、区域、流域、民族地域等整体上谋划切实可行的乡村振兴发展方略，再加之由下而上的环境和设施改造，达到传统村落重生之目的。否则，一个一个乡村艰辛地改造，难以从生产力生产关系之辩证关系的根本上解决西部乡村全面衰败问题。

记录完成于 2020 年 7 月 12 日 17：34
同济联合广场添秋季工作室

新冠肺炎疫情半年之后再赴黄岩乡村

2020 年 7 月 6 日—10 日（星期一——星期五）

由于新冠肺炎疫情的原因，黄岩乡村振兴的几个实践点有整整半年时间没有到访。学期结束，毕业典礼也完成了，送走了应届本科生和硕博研究生，于是我向学校递交离沪申请，获批之后，带领乡村振兴小分队又开拔黄岩了。

这次小组成员有宋代军，两位已录取但尚未注册的本年度硕士研究生黄子薇、夏小懿。再有一名在同济本科毕业设计中表现出色的上海籍学生王微琦，她已被美国康奈尔大学建筑学硕士项目录取，但由于疫情原因而无法成行，于是我就邀请她到工作室实习一年，等疫情过去再赴美留学。一行 5人乘坐高铁前往黄岩。

5 天的行程照例排得满满当当。周一下午抵达黄岩之后先到南城街道的贡橘园、蔡家洋村了解项目的实施情况，并约定了第二天上午组织贡橘园北入口涉及的民建村村委会全体人员召开会议，汇报交流规划方案，以便听取村两委代表的意见。

第二天上午在民建村村部召开了方案汇报会。这也是村民参与规划过程和参与决策的过程，是村民意见表达的重要方式。在我国现阶段，最有效体现公众参与规划的价值途径，在乡村规划这个层面已经被我们同济规划团队予以了认真深入地实施。

为了让这一过程更加生动，我让研究生助手把带来的打印彩图贴在村部会议室的墙面上，并站在墙边就着规划效果图用大白话一一介绍。大家听得都非常认真，南城街道党工委书记陈虹、街办主任汪雄俊等主要领导都参加了，村两委代表对改造方案十分满意，这是由于经过多次沟通交流的缘故。之前村里的意见和街办的意见都被不同程度地纳入了本次修改后的规划方案。南城街道党工委随后对此次交流会作了微信公众号报道。

按计划，周二下午去高桥街道瓦瓷窑村乡村振兴项目点考察，傍晚抵达宁溪镇乌岩头村，入住乌岩头村的枕山酒店，周三上午主要在宁溪镇乌岩头老村、新村现场踏勘，并且与黄岩区交通旅游投资公司主要领导交流了宁溪半山村未来发展的设想，将"泮云间"名家村项目的理念作了介绍。

这天，适逢《台州日报》记者抵达乌岩头村采访关于昔日"空心村"如何再生的黄岩实践。据说是因为浙江省副省长陈奕君女士对相关专报作了批复，认为黄岩区对"空心村"整治的探索是一个创举，值得全省学习借鉴（一周之后的媒体报导也证实了这一点）。由于我忙于应对村民和乡镇干部的各种提问，所以把回答新闻记者提问的任务交给了宋代军博士。毕竟宋博士从乌岩头乡村改造的一开始就参与，对全过程比较了解。

周三下午考察了宁溪镇的直街村之后，队伍就到了屿头乡沙滩村"同济黄岩乡村振兴教学实践基地"大本营。当晚黄岩区委书记陈建勋亲自到访看望同济师生团队。令我十分高兴的是，当晚台州市政协主席陈伟义（之前是台州市委常委和黄岩区区委书记）、李昌道（之前任黄岩区区长）也一起到访沙滩村看望同济师生，并在当晚住在经过同济团队设计改造的"粮宿"。"粮宿"经由原来废弃的粮站公共建筑改造而来，运用了"适用技术"理念和改造方法，历时多年，终于改造成功，算是一个经典的历史环境再生的案例吧。

周四上午随区委考察团去平田乡的"空中之城"项目考察，下午回到屿头乡沙滩村，周五上午又赴头陀镇头陀老街项目点进行现场指导。

整个一周团队都在黄岩各项目点上现场指导交流，总体上感觉黄岩区从区委、区政府到乡镇、村，各级对乡村振兴工作十分重视，对同济师生团队亲切关心。从2012年底至今的八年来，同济—黄岩乡村规划合作模式成为推进黄岩乡村振兴实践的重要支撑，亦可作为全国各地推广的范式。

这次黄岩之行还值得一记的是7月7日中午之前，在南城街道办事处二楼办公室为蔡家洋村五个长廊和一个亭子的题名。为了让建造好的亭子具有文化内涵，与当地文化建设相联系，以提升乡风文明的层次，所以我打算把五个"路廊"

（当地把休息用的长廊称为路廊）予以题名。其构思是把儒家五常的"仁、义、礼、智、信"与民间的五福"平安、健康、幸福、快乐、长寿"相结合，把其中相对具有逻辑关联的字进行搭配，就组成了五个新词，分别为："寿仁、安义、康礼、乐智、福信"。同时，还把当地平安宫相关联的北宋名将杨家将中的杨六郎的故事题材赋予到蔡家洋村公共活动场地边池塘中心的凉亭上面，取名为"将星亭"。杨家将杨延昭（958–1014）被称为六郎星宿将星下凡，所以杨延昭又被称为"杨六郎"，实乃为其父杨业的长子而非第六子。通过地方文化、民间传说的挖掘，并加以物质方式呈现，使长廊、凉亭成为地方文化的载体，这是规划师的创造性转化和创新性发展的具体作为。

此外，还顺便把"长匙头塘"改为"长时头"，因为黄岩方言的发音两者比较相近。池塘的形状与汤匙形状相近，故名"长匙头塘"，但作为新的文化景观，采用"长时头"更加具有想象力，把生命、时光和岁月变迁的人生意境相联系，也许可以让游客和当地村民有更多在文化上的互映吧。

南城街道的宣传委员黄伟把自家储藏多年的高品质宣纸和笔墨带到了会议室让我书写，并在我书写的时候及时用餐巾纸吸墨，以免墨汁花开。我十分感动，大家都对蔡家洋村未来的发展充满信心。

末了，我诗兴顿起，借着高品质的文房四宝，以及一整天奔波的感悟，题写了一首诗：

筑梦城乡心志再，布袋乡愁育人才。

长风破浪正当时，直挂云帆济沧海。

后两句是套用了李白诗的结构，这次把"会有时"改为"正当时"了，显示了乡村振兴的努力正在当下的寓意。

记录完成于 2020 年 7 月 21 日 18：00

同济联合广场添秋季工作室

新冠肺炎疫情半年后的临朐之行

2020 年 7 月 13 日—17 日（星期一——星期五）

经上周 5 天的黄岩之行返沪后，我休整了两天，周一（13日）又启程前往山东临朐。这是在今年一月份疫情发生之后半年以来首次前往临朐乡村振兴实践点。随行有宋代军博士，还有今年 9 月份将入学的新一届硕士研究生黄子薇、夏小懿。

高铁到青州站，临朐县规划编研中心林绍海书记来接站，十分热情。到临朐县城贵宾楼住下已近黄昏。自原来联系这一工作的副县长王锡利调任山东省水利厅之后，负责此项工作的是县委常委王永刚副县长。

周二、周三、周四共 3 个整天在临朐各个点上考察交流，其中周三下午还举行了临朐县国土空间规划方案汇报交流会。上海同济城市规划设计研究院国土空间院的王颖副院长也赶来汇报。县里田元君县长出席，并提出了对规划的期望。周四上午潍坊市自然资源规划局林业局孙守勤局长和徐永海总规划师专程到临朐一同考察城关街道的寨子崮村。午饭之后大家还一同考察了治源街道。

两周前，治源镇和辛寨镇双双改制为"街道办事处"。

原先在1995年我主持编制过一版的临朐县城市总体规划中设想的"一心两翼"空间结构，现在通过建制的改革而更加强了这一空间结构的成形。毫无疑问，这样一来，临朐县城空间发展对资源的统筹安排能力和可能性就更大了。对于临朐县来说，县城的发展又将掀开一页新篇章。本次国土空间规划还应当反映出这一变化的新格局。至少县城范围的版图又将从横版改回竖版了，但这次改变，城区的空间范围就更大了。

临朐县方面对同济团队的到访十分重视。县委书记杜建华亲自接见了同济师生一行。我希望通过深入乡村实地的推进，能有效地推进寨子崮村、卢家庄子村的两个村庄的乡村振兴工作。

这次我看到了寨子崮村的新变化。去年两季种下的竹子，现在都已存活得不错，存活率大约在70%，部分没有存活的原因，是由于村民没有遵循雨季种植或种植不当造成的。种植竹子这一行动已获得地方认可。植竹不仅符合当地村民传统上对于"好竹"和"好主"的谐音，而且在冬天北方的乡村可以拥有一片清绿。特别是当其他落叶乔木在寒冷的冬季都一片枯黄落寞之际，一片片绿竹却呈现出盎然的生机，在白雪纷飞的时刻，应该是一种让人温暖和感动的风景吧。

寨子崮村的变化还在于村口低洼地的防渗处理工程初见成效。这一片低洼地积水成湖时，将形成一番让人振奋的新景观，因为北方居住环境中有水是让人喜悦的。我从村里老人高瑞海那里得知，这个洼地，之前有称之为"太平湖"的，

图 51 寨子崮在金湫湖中的倒影

（照片由王丽瑶提供）

源于另一处山顶"太平崮"。但村民不是太熟悉也不太认可
这个名称。过去这个洼地主要靠季节性蓄水而形成湖面，但
更多时候，因湖底沙石岩层渗漏而漏水，无法常年保持较大
水面。因此，村民对这一风景的印记是片断的、不连续的。
现在做好了湖底防渗，那么就可以常年蓄水。较大的湖面形
成之后，寨子崮山体轮廓在水中形成倒影，成为整个村的风
景名片（图51）。

关于这个湖的取名，我向村民提出了建议，以"金湫湖"
命名，14日周二上午大伙一同考察寨子崮村的时候，我在村
部大楼之前的桥上，向大家讲述了这个名称的含义。"湫"
即洼地水面的意思。而"湫"字也包含了"水、木、火"三

样，而"金"字中包含了"土和金"，因此"金湫"两字，把中国传统文化"五行学说"中的"金、木、水、火、土"都包含其中，是一种喜闻乐见的朴素的宇宙观。采用"金湫"作为湖名，对于寨子崮村的未来发展，应该是大吉大利的吧。这个名字很快就被村民们接受，大家都认可了。在之后临朐的新闻媒体报导推送中，俨然已成为正式冠名。

乡村振兴的空间环境规划建设过程，也应当成为村庄文化建设的过程。只有把文化建设融入到乡村物质空间环境建设，那么乡村发展才有灵魂，才有核心，才能使得静态的空间环境灵动起来。而在不少地方的乡村建设实践工作，往往这一点很难做到。一些地方，规划师并不经常到现场，也很难产生融合村民意愿的规划构想，更不要说找到创新文化传承的切实有效的方法。这个乡村振兴的伟大工程，还急需更多有志青年紧紧跟上。

记录完成于 2020 年 7 月 21 日 17：55
同济联合广场添秋季工作室

国土空间规划技术标准体系的价值观

2020 年 7 月 22 日（星期一）

受《城市规划学刊》编辑部的邀请，针对"构建统一的国土空间规划技术标准体系：原则、思路和建议"这一主题撰写一篇短文，将在今年 10 月份出版的《城市规划学刊》"笔谈"栏目中刊登。

收到邀请之后，经过了一段时间的思考，我认为在当前我国开展国土空间规划编制工作的当务之急是要统一思想，深刻认识在当今我国生态文明发展的重要阶段建构国土空间规划体系将要担起的历史性责任、发挥的历史性作用。从我国现代化发展进程来看，国土空间规划将使我国城乡规划发展进入一个新阶段。这个新阶段将把城乡人居建设与国土安全、可持续发展和高质量发展等要求相结合。如果要构建统一的国土空间规划技术标准体系，必须明确做好这一项工作的价值观。

因此，我针对"价值观"这一命题，撰写了稿件，期待发表之后对行业技术标准体系的构建发挥一点作用。

当前我国开展的国土空间规划体系建设，是在生态文明建设理念下的城乡规划体制机制的创新。这一体系不仅把"山、水、林、田、湖、草"作为一个整体的自然系统，而且把建成环境和自然环境统一起来作为规划管控的对象，这是"天、地、人"生命系统和生态系统更高层次的统一。在这一理念指导下，研究建构我国新时代国土空间规划技术标准体系，需要注意以下4个方面的价值观：

1. "生态安全"价值观

生态安全是我国国土空间规划技术标准体系之本。

所有的建设活动必须以生态是否安全、是否可持续发展为根本。我国自然资源的类型丰富多样，需要根据资源的属性特征和空间分布状况及其演变规律加以制定使用的策略；并制定覆盖国域的自然灾害防控体系，以确保自然资源的安全和韧性。在此基础上，建立生物多样性保护策略，以确保资源生态链的活力。最为关键的是赖以生存和发展的基本农田保护。通过划定土地使用基本控制线来确保城乡各种建设活动不损害粮食安全和国家安全。以保障生态安全为出发点，通过系统地、全面地、长远地制定国土空间使用管理控制法规，构建覆盖国域范围及各层级深化传导的国土生态空间格局。但是需要重视的是，在对国土空间生态安全实施多方案途径抉择时，须综合考虑区位条件、市场规律和未来科学技术突破发展瓶颈的可能性。

2."使用效率"价值观

使用效率是我国国土空间规划技术标准体系之益。

上述"生态安全"价值观并不排斥"使用效率",相反,两者需要紧密结合。国土空间规划既要成为自然资源生态安全的坚强保障,同时又要对城乡建设活动提供科学合理的规划引导。国土空间规划的技术标准应注重规划控制和规划引导并重。国土空间资源的使用效率,主要反映在城乡各类国土空间功能结构的优化、土地使用性质和比例结构的优化、城乡建成环境的空间布局优化等方面;同时,为了进一步提升国土空间资源的使用效率,还需要统筹、长远谋划国域范围内各空间层级综合交通的支撑体系,从而可持续促进国土空间资源的生产能力。面对未来发展的不确定性,国土空间规划还必须考虑未来建设发展空间的留白。但需要高度重视的是,国土空间规划的使用效率将面临市场竞争和各级地方政府横向的绩效竞争。激烈的竞争反而导致国土空间资源的无效甚至浪费。因此,强调使用效率的同时,必须强调上述的生态安全和以下将要论述的价值观。

3."社会公平"价值观

社会公平是我国国土空间规划技术标准体系之基。

我国新时代社会主要矛盾已经转化为人民日益增长的美好生活需要和不平衡不充分的发展之间的矛盾。其中,区域之间、城乡之间的不平衡不充分发展的状况十分突出。国土空间规划及其实施应当成为建构我国新型城乡关系的契机,重点体现在：促进城乡融合共构、城乡适宜性居住用地保障、城乡公共服务设施均等化和精准化配置、城乡市政基础设施全覆盖支撑，以及城乡居民就业岗位和就业机会的提供方面。如果不讲社会公平的使用效率，那么国土空间规划就会失去维护社会公平的基础，将会加剧不平衡、不充分的矛盾。只有充分考虑了社会公平的国土空间使用效率，才能体现出我国社会制度的优越性。

4. "文化传承" 价值观

文化传承是我国国土空间规划技术标准体系之魂。

一个先进的国土空间规划技术标准体系不能没有关于地域特色、文化特色的内涵。我国城乡建设活动历史悠久，积累了大量富有特色的国土空间类型。这些类型既有地质特色方面的，也有文化地景方面的，还包括历史文化名城名镇名村等。具有地域特色和文化特征的国土空间规划是城乡人居环境建设和发展的灵魂。通过文化保护、传承和发展，不仅可以丰富我国国土空间类型，而且也为人民的生活品质奠定了空间基础。国土空间规划技术标准体系应当考虑到我国地质特色保护区、文化地景区域、革命胜地纪念地、历史文化名城名镇，以及历史文化名村和传统村落等，制定相关的保护政策和发展要点，从而在生态安全、使用效率和社会公平等综合决策中，始终处于不可或缺的地位。

希望以上 "生态安全" "使用效率" "社会公平" 和 "文化传承" 四个方面的价值观，作为构建统一的国土空间规划技术标准体系的思考和建议，转化落实为具体的技术标准要点中，从而体现出这一技术标准体系的先进性。不当之处，请读者批评指正！

记录完成于 2020 年 7 月 22 日 19：00

同济联合广场添秋季工作室

浙江传统村落重点村规划评审

2020 年 8 月 5 日—7 日（星期三—星期五）

    两个多月之前，浙江省农业农村厅社会发展处邵晨曲处长就已发出邀请，希望我留出时间参加第八批全省历史文化（传统）村落保护利用重点村的规划评审工作，时间安排在 8 月 5 日—7 日。

    这已经是我连续第五次参加这项工作了。从 2016 年在浙江金华召开的第四批评审工作开始我就连续参加了。之后有一次是在衢州市，另外两次都在杭州。今年评审会地点也安排在杭州，是离杭州高铁东站不远的华辰银座酒店。

    说实在的，一年中专门安排出三个整天的时间来全程参加一个会议，对我来说也绝无仅有。我想，一方面这是出于对浙江省农办邵处长工作的支持，另一方面也出于我自己对历史文化（传统）村落研究的兴趣，同时也是对提升村落保护和利用的规划设计品质的社会责任。

    这次评审工作我还带领两位硕士研究生助手一同参加，她们是将于 9 月份入学研一的学生黄子薇和夏小懿。她们作为评审会工作人员协助会场上的辅助工作。对她们来说，这将是一个极好的学习机会，全面整体观察浙江省对于此项工作的标准流程，且以传统村落保护和利用的专业视角，预览不同设计机构的规划水平，聆听评审专家的分析点评。无疑，通过密集式的三个整天的学习，她们将快速提升此方面专业领域的认知水平。如果她们本身在此方面感兴趣有热情的话，那么，接下来读研的过程中就可以在这方面深入研究，从中选取学位论文的题目，开展专题研究。

这次三天评审的专家组与前几次比较，有个别调整，但总体上还是延续了原来的阵列。邵处长非常热情地坚持邀请我担任评审专家组长（这也是连续第五次担任组长了），除了我一人是省外的专家，其他6人都是浙江省内的，他们是：浙江省城乡规划设计研究院的赵华勤总工（他也是我同济读硕士研究生期间同一届的同学，其导师是朱锡金教授），浙江理工大学的丁继军教授，严力蛟教授，浙江省古建筑设计研究院原副院长陈易先生（今年刚转型自己成立了"浙江文博古建筑设计有限公司"），还有一个专营乡村旅游市场开发的余学兵总经理，以及邵晨曲处长（图52）。

三天的评审项目安排的满满当当。一共39个重点村项目的规划方案，虽比去年少了2个，但仍然把三天上午、下午的时间都排满了。按计划，每个项目设计单位介绍10分钟，其余20分钟出专家评议，最后由我代表专家组给出综合评审意见。

对我来说，这是一个十分辛苦的事情。因为一方面我要

图 52　评审专家合影

（左起：余学兵、赵华勤、陈易、严力蛟、邵晨曲、杨贵庆、丁继军、汪佑福。照片由黄子薇提供）

迅速审查文本，听取汇报，找出每个方案在总体规划布局方面的问题，另一方面我还要把其他 5 位专家（除邵处长外）的意见进行记录、归纳汇总和逻辑排序，并结合我的评价综合作出评审意见。因此整体上压力非常大，需要精神高度集中。这不仅考验我平时积累的专业素养、知识阅览面，而且还要考验思维训练的水平，锻炼脑子。好在我在此方面多年训练，已经练就了专业思维的总体逻辑结构。一个半天下来，体力上、智力上都是高强度的训练。

　　从大家反馈的意见来看，对专家组的意见总体上是认可的，技术把关是严格的。虽然专家组给出的意见和打分排序，并不涉及改变项目立项的结果，但毫无疑问，专家评审工作对监督编制机构的工作态度和技术水平，提升编制机构的规划方案水平，促进传统村落保护利用、挖掘村落特色、避免造成大的破坏等方面，起到了至关重要的作用。因此，从这个角度上看，专家组辛劳工作的意义是深刻的，是一种无量功德。

会议到第三天（8月7日）上午的后半段，即中午之前，浙江省农业农村厅的刘嫔珺副厅长到会场参加评审会，对评审过程作深入了解，听取设计单位汇报和专家反馈意见。中午结束之前的45分钟，还专门召开了一个专家座谈会，听取专家关于传统村落保护利用工作的意见，并专门听取"关于做好二十四节气农耕文化活动组织推介促进农耕文化传承和乡村经济发展的通知"的意见。浙江省农业农村厅专门草拟了通知，并列出了"重点关注的全省二十四节气农耕文化活动一览表"。在座的几位专家分别谈了真知灼见。我把口头发言的要点也摘录如下，作为"四季城乡"的一个注脚吧。

很荣幸也很高兴受邀参加浙江省全省历史文化村落保护利用评审会。这已经是第八批了，体现了"久久为功"，终成功力。这项工作为保护和传承发展传统村落做出了重要贡献，意义十分重大。具体来说：

一、传统村落是优秀传统文化重要的物质载体。习总书记指示，要让"古村落、活起来"。浙江省的传统村落总体数量位居全国前三（排在前面的还有贵州省、安徽省），做好传统村落保护和利用，具有引领作用。同时，实施乡村振兴战略中也要突出体现"文化振兴"，文化振兴是乡村振兴的灵魂。

二、传统村落保护和利用工作是"两山理论"重要的催化剂或"转化酶"。"绿水青山就是金山银山",其中"就是"是充要条件,就是所需要具备充分条件、必要条件。"绿水青山"是"金山银山"的必要条件,但如果没有"充分"条件,那么"绿水青山"不会自动地成为"金山银山"。"文化振兴"就是一种充分条件。传统村落蕴含大量、多元、深厚的历史文化积淀,通过"创造性转化"和"创新性发展",使其为当代作用,成为把"绿水青山"转化为"金山银山"的催化剂。浙江的传统村落保护好了,就可以促进全省"历史文化乡村游"等文化创新类产业和就业,以此可促进乡村产业振兴,为乡村发展注入内在活力和动力。

三、传统村落也是二十四节气农耕文化的重要载体。传统村落保护好了,就可形成重要的特色空间载体,为地方多彩丰富的节气庆祝活动和新业态的发展提供平台,也以此促进城乡要素双向流动,继而全面振兴乡村。从这点上说,二十四节气农耕文化活动组织应成为省农业农村厅的重要抓手,将之与传统村落保护和利用工作相结合,共同推动优秀传统文化(包括物质的和非物质遗产)的保护、传承和创新发展。

本次规划评审过程中,我进一步体会到浙江省优秀传统村落在总体布局上的文化隐喻和精神追求。例如,开化县苏庄镇的唐头村,村庄重要历史空间节点自西南向东北方向顺着山体的等高线一线排开,形成了一条45°线,因此,我重点提出了这条历史空间轴线应与其山地景观背景加以整体性保护。这个历史空间轴线上各个节点的人文内涵也寓意了天、地、人的内涵，表达了先人对人与自然、天道（自然规律）的响应。

又如仙居县白塔镇高迁村，村落以"七星伴月"为总体空间结构引导。因此，我建议建设部门要下决心疏通村落水系，以水塘空间特色为主线形成步行游览系统，为乡村新业态营造提供空间基础。

再如温州瓯海区泽雅镇水雄坑村，建议其加强"三山一水一村"（前山、东山、后山）空间格局和龙、虎意象的传统风水理念的格局保护和传承。

此外，水塘空间及其所形成的水塘文化也是浙江优秀传统村落整体空间格局的精华之一。如建德市的里叶村，我建议规划要结合大厅塘、应口塘等大小水塘体系，形成开放活动空间系统，串联村落历史建筑和风貌要素而形成特色体验游览系统。

评审过程中，我还看到不少地方村落民居建筑的质量令人堪忧。不少过去夯土墙建筑年久失修，外墙色彩和斑驳的痕迹虽有独特的肌理，但毕竟面临当下适居性、宜居性要求的考验，适用技术的运用面临急迫性。因此我建议设计单位要深化对传统村落建筑外墙材料特色提炼，引导色彩风格传承，同时采用适用技术加强传统民居室内的适居性改造，不断提升宜居品质。

三天的评审会节奏快、压力大，但整体上让我又一次概览了浙江省历史文化（传统）村落的资源、状况及其面临的严峻挑战。我深感专业的社会责任重大。这需感召一批又一批有志向的青年才俊投身历史文化（传统）村落的科学保护、文化传承和艺术创新的事业中来。

记录完成于 2020 年 8 月 10 日 17：50

同济联合广场添秋季工作室

补记一："城乡共构视野下的空间规划"国际研讨会

2019 年 5 月 11 日—13 日（星期六—星期一）

题记：整理书稿的时候，看到这个国际研讨会的发言稿，其中有不少学术信息，现在看似比较琐碎，但也许对于后来者的研究，可以提供关于同济规划教育、教学发展历史研究的素材。作为在同济城市规划系平台上举办国际会议，对于今后研究当代中国城市规划教育、教学的历史演进，也可以当作重要案例吧。

经过半年多的准备，在我的搭档规划系副系主任卓健教授和团队老师的鼎力协助下，2019 年 5 月 11 日—13 日在同济大学召开了"城乡共构视野下的空间规划"国际研讨会。会议的英文名采用"Spatial Planning from the Perspective of Urban–Rural Assembly"。会场地点就在建筑与城市规划学院 B 楼钟庭报告厅。

这是规划系每年 5 月份在同济校庆期间的传统学术活动项目，从 2015 年我担任系主任以来每年都会举办一次。会议的主题一般选取城乡规划发展最热点最关注的议题，从学科的视角，在理论、实践等多角度展开讨论。国际会议一般邀请关于主题领域的知名专家学者，同时，也邀请与同济多年来的双学位合作的国际院校，以及国内学界新锐学者。会议的开幕式和闭幕式的主持，一般由我担任，总体阐述会议的主旨，并进行总结归纳会议的成果。这次会议配备了中英同步翻译，张书田女士担任首席同传，主持发言用的是中文。

以下把 5 月 11 日上午开幕式和 5 月 12 日下午闭幕式上我的两篇发言稿摘录于此，作为"四季城乡"的一个注脚。

开幕式主持发言稿

（2019 年 5 月 11 日上午 9：00）

尊敬的各位来宾、专家同行，老师们，同学们，朋友们，大家上午好！

五月同济，惠风和畅。菁菁校园，沐浴阳光。新老朋友，济济一堂。我们准备了大半年的"城乡共构视野下的空间规划"国际研讨会，今天开幕了。这也是同济大学 112 周年校庆系列学术活动之一。我是杨贵庆，来自同济大学建筑与城市规划学院城市规划系。我谨代表会议承办方，怀着感激的、感恩的心情，向来自世界各地的参会人员，表示最诚挚的感谢和最热烈的欢迎！

下面，首先请允许我介绍今天参加开幕式的主要领导、嘉宾，他们是：

中国工程院院士，中国城市规划学会副理事长，教育部全国高等学校城市规划教育指导分委员会主任委员，同济大学副校长，吴志强教授；

中国城市规划学会常务理事，小城镇规划学术委员会主任委员，全国高等学校城乡规划专业评估委员会主任委员，同济大学建筑与城市规划学院党委书记，彭震伟教授；

美国旧金山州立大学 Richard LeGates 教授；美国哈佛大学 James Stockard 教授；美国明尼苏达大学 Greg Lindsey 教授；美国辛辛那提大学，学院院长 Tim Jachna 教授；美国伊利诺州立大学芝加哥分校 Kheir Al-Kodmany 教授；美国佛罗里达大学，城市与区域规划博士项目主任，彭仲仁教授；美国北卡罗来纳大学夏洛特分校象伟宁教授；法国里昂大学，乡村研究实验室主任，Claire Delfosse 教授；Francoise Paquien-Seguy 教授；Jeremy Cheval 教授；奥地利维也纳工大，规划学院副院长，Arthur Kanonier 教授；Kurt Weninger 教授；澳大利亚昆士兰大学，刘艳教授；新加坡耶鲁学院 Nick Smith 教授；Annette Erpenstein 教授；日本 Kanazawa 大学，沈振江教授，等；香港城市大学 Wang June 教授；清华大学建筑学院，城市规划系副系主任，田莉教授；中国人民大学城市规划与管理系系主任，秦波教授。

本次国际研讨会，还邀请了地方政府和设计机构的参会代表，包括浙江省台州市黄岩区参会代表团，山东省潍坊市临朐县以王锡利副县长率队的参会代表团，华东建筑设计研究院城市规划院，华建规划建筑设计研究院等，还有不少看到会议信息直接前来参会的人士，当然还有来自我们同济规划系的许多老师，特别要介绍的是我们规划系原系主任赵民教授，还有张冠增教授，他们虽已退休，但仍然耕耘学术，支持年青一代学术成长。由于时间关系，难以对在座的各位老师一一介绍了，请大家谅解！在此，向大家的到来，再次表示热烈的欢迎！

本次国际研讨会，以"城乡共构视野下的空间规划"为主题，这是在中国城乡发展到了新时代，新的历史发展阶段背景下召开的；这是针对中国城乡二元对立走向城乡二元融合发展的新阶段召开的；这也是城乡规划面对自然资源、空间规划、人与自然共存、城乡发展共享、城乡要素融合、城乡关系共构的新要求召开的。希望通过国内外专家学者的交流，分享经验，汲取教训，为城乡可持续发展新理念、新模式、新做法提供思考和借鉴。

闭幕式主持发言稿
（2019年5月12日下午4：50）

尊敬的各位来宾，专家同行，老师们，同学们，大家下午好！

两天的国际会议内容丰富，演讲精彩。刚才的圆桌讨论特别有意义。嘉宾们向大家呈现了最前沿的新理论思考，严谨的学术研究、科学实证、案例分享、专业经验。我相信，听众们收益很大。

围绕"城乡共构视野下的空间规划"这一会议名称，我们开展了5个主题板块的演绎。3个主旨演讲加上19个主题演讲，共23个精彩报告，让我们从"生态安全和可持续""空间治理与公共政策""社会转型和社区建设""新技术和空间发展""空间规划国际案例借鉴"等5个方面，从不同广度、不同深度、不同角度，探讨了在急速经济、社会、空间变化中的城乡关系，对历史人文维度、产业经济维度、智能技术方法维度、空间形态演变维度等作了深入探讨。

无论是演讲嘉宾的学术观察、分析，还是政策建议，包括学术批评，都对我们从城乡规划学科的角度再次认识这一主题大有裨益，对我们从不同国家、不同地区、不同文化背景下的专家学者交流彼此的专业认识、理解认识大有裨益，对我们青年学生研究学习、学术成长大有裨益。

在此，请允许我代表会议承办方同济大学规划系、《城市规划学刊》（在场的黄建中教授）、上海同济城市规划设计研究院有限公司（在场的周玉斌副院长），向每一位演讲嘉宾表达最诚挚的感谢！

"城乡共构"——（Urban Rural Assembly，简称URA），这一词的英文表述最先由德国柏林工业大学（TU-Birlin）人居中心主任 Philipp Misselwitz 教授提出的。他将组织一个庞大的中德联合研究团队开展对中国浙江省台州市黄岩区的城乡空间关系和可持续发展开展研究。我将组织中方研究团队与其合作。我发现他提出 Assembly 这个词十分有意思，但是如何翻译中文很难。经过多个比较，我决定采用"共构"这个词来对应。因为如果要实现城乡共享、城乡融合，首先需要在城乡空间结构（包括市政基础设施、公共服务设施）、城乡产业，乃至社会结构方面实现共同建构。很显然，这已经超越了传统意义上的物质形态空间规划。在"城乡共构"的视野下，我们对空间规划的实践，更加包含了生态安全可持续、空间治理与政策、社会转型和社区建设，以及新技术的运用。

因此，借用"Assembly"共构这个新词，让我们城乡规划学科和城乡国土空间规划各种类型实践，更好地面对自然资源和人工建成环境的各个层次，更加注重人与自然共存、城乡要素融合，也包括美食。我昨天学到一个词，法国专家报告中的"gastromic"，美食可以成为城乡要素流动的新标志。

乡村现代化过程不是乡村城市化过程，城市化过程也不应成为消灭乡村的过程。尤其是对中国千年农耕文明积累的大量的传统村落，掩盖在落后的杂乱的物质表象下，需要积极且谨慎地对待传统优秀文化。城乡可以高水平共存，他们各自表达了不同的价值观、生活方式。

在"城乡共构"的基础上，通过城乡融合机制的建立，实现城乡现代化共享的目标。通过创造性转化、创新性发展，从而完成解决中国城乡发展不平衡、不充分的新时代最主要的命题。

很显然，在国际比较下，中国的城乡关系和空间规划更具有挑战性。无论是历史成因、地理地貌、人口规模、产业状态，还是生态环境脆弱性（11年之前的今天5.12中国汶川大地震），社会结构复杂性（自上而下或自下而上的规划过程），发展速度之快，都是当今全球化背景下最大的城乡规划事件，当然也因此成为最丰富的城乡规划学术研究平台。

我希望，让我们大家一起努力，为了城乡规划学科，为了我们专业理想，更紧密地加强今后的学术交流！

好，再次感谢各位演讲嘉宾和每一位参会者！感谢大家对同济规划教育的支持！谢谢！

记录完成于 2020 年 6 月 25 日 21：49
同济绿园添秋斋

附 3 则关于会议的微信推送稿

附 1：微信推送稿一 —— 会议议程

"城乡共构视野下的空间规划" 国际研讨会议程

CAUP 同济大学建筑与城市规划学院

2019 年 5 月 8 日

Spatial Planning from the perspective of Urban-Rural Assembly

"城乡共构视野下的空间规划" 国际研讨会（图 53）

May 11th-13th, 2019,Tongji University,Shanghai

2019 年 5 月 11-13 日，上海，同济大学

Venue | 会议地点

Bell Lecture Hall (Zhongting), Building B

College of Architecture and Urban Planning (CAUP)

Tongji University, 1239 Siping Road, Shanghai, China

上海市四平路 1239 号同济大学

建筑与城市规划学院（CAUP）B 楼钟庭报告厅

Registration Open | 会议注册

13：30pm-17：00pm, Friday, May 10th, Lobby, Building B

8：30am-9：00am, Saturday, May 11th, Lobby, Building B

5 月 10 日，星期五，下午 13：30-17：00，B 楼大厅

5 月 11 日，星期六，上午 8：30-9：00，B 楼大厅

图 53　国际研讨会海报

（同济大学城市规划系提供）

Schedule 会议日程

Day 1: Saturday, May 11th
第一天：周六，5 月 11 日

Opening Ceremony | 开幕式

Host: Prof. Yang, Guiqing, Head of Urban Planning Department, CAUP

主持人：杨贵庆教授，城市规划系主任

9：00-9：30

Opening address | 开幕致辞

Prof Wu, Zhiqiang, Vice-president of Tongji Universit

同济大学校领导：吴志强 教授，副校长

Prof Peng, Zhenwei, President of College Council, CAUP

建筑与城市规划学院领导：彭震伟 教授，党委书记

9：30-10：00

Group photo, coffee break | 合影，茶歇

Keynote Speeches | 主题演讲

Host: Prof. Zhuo, Jian, Deputy Head of Urban Planning Department, CAUP

主持人：卓健 教授，城市规划系副系主任

10：00-10：25　Wu, Zhiqiang | The hierarchy of national spatial planning and intelligence application | 国家空间规划的域及其智能化

10：25-10：50　Lindsey, Greg | Urbanization and water resources: Policy implementation in an era of austerity |城市化与水资源：紧缩时代的政策实施

10：50-11：15　Kanonier, Arthur | Second homes in Austria： A planning perspective | 奥地利的第二居所：一个规划的视角

11：15-11：45　Discussion | 讨论

11：45-13：30　Lunch：San Hao Wu Restaurant 午餐：三好坞餐厅

Session 1：Ecology Safety and Sustainability

Moderator： Prof. Geng, Huizhi, Deputy Head of Urban Planning Department, CAUP

主题 1：生态安全和可持续

主持人：耿慧志 教授，城市规划系副系主任

13：30-13：50　Delfosse, Claire | How rural/urban linkages are reconsidered by the rise of new urban food demands |城市食品的新需求：城乡联系的再思考

13：50-14：10　Al-Kodmany, Kheir | Urban and suburban sprawl in the U.S.： Problems and solutions | 美国城市和郊区的蔓延：问题和对策

14：10-14：30　Wang, Lan | Spatial planning for healthy cities： Theoretic framework and evidence-based practice | 面向健康城市的空间规划：理论框架和基于证据的实践

14：30-14：50　Smith, Nick | Urbanization by other means： The ideology of planning under urban-rural coordination | 其他途径的城市化：城乡协同的规划理念

14：50-15：10　Discussion 讨论

15：10-15：30　Coffee break 茶歇

Session 2：Space Governance and Public Policy

Moderator： Prof. Tian, Li, Deputy Head of Urban Planning Department, Tsinghua University

主题 2：空间治理与公共政策

主持人：田莉 教授，清华大学城市规划系副系主任

15：30-15：50　Paquien-Seguy, Françoise | Silk in Lyon： The city strategy between France & China to win back its silk city image　|里昂的丝绸：赢回丝绸城市形象的中法城市策略

15：50-16：10　Qin, Bo | A cross-country study of national spatial planning system： Natural endowment, governance structure and urbanization | 国家空间规划体系国际研究：自然禀赋、治理结构和城市化

16：10-16：30　Jachna, Tim | Regional futuring in the risk society： An example of the Pearl River Delta | 社会风险下的区域未来：以珠三角为例

16：30-16：50　Chen, Chen | Renovating industrial heritage as catalysts in urban regeneration：Contrasting the case of Yishan Rd District and Changyuan District in Shanghai, China | 工业遗产改造作为城市更新触媒的深层机制研究——基于上海市宜山路街区和场园街区的案例比较

16：50-17：10　Discussion 讨论

17：10-17：30　Introduction to the field study 学术调研介绍

17：30-19：30　Dinner for invited guests： San Hao Wu Restaurant | 受邀晚餐：三好坞餐厅

Day 2：Sunday, May 12th
第二天：周日，5月12日

Session 3：Social Transformation and Community Building

Moderator： Prof. Wang, Lan, Assistant Dean of CAUP

主题3：社会转型和社区建设

主持人：王兰 教授，建筑与城市规划学院院长助理

9：00-9：20　Stockard, James | Urban housing policy and its impact on urban space | 城市住房政策及其对城市空间的影响

9：20-9：40　Tian, Li | Is collective land reform a solution to housing affordability in mega-cities of China? A case of Beijing | 集体土地改革是中国特大城市保障住房的解决途径吗？——以北京为例

9：40-10：00　Wang, June | Community empowerment in China's heritage production： Bourdieu, scale and structuration | 中国遗产生成中的社区赋能：布迪厄、尺度和结构化

10：00-10：20 Cheval, Jérémy | Socio-spatial transitions from countryside to megacity | 从乡村到巨型城市的社会空间转型

10：20-10：40 Discussion 讨论

10：40-10：50 Coffee break 茶歇

Session 4: New Technologies and Spatial Development
Moderator: Prof. Qin, Bo, Head of Urban Planning and Management Department, Renmin University of China

主题 4：新技术和空间发展

主持人：秦波 教授，中国人民大学城市规划与管理系主任

10：50-11：10 Peng, Zhong-ren | Science-driven urban planning and design | 科学驱动的城市规划和设计

11：10-11：30 Liu, Yan | Participatory GIS (PGIS) in land use planning: Data quality, capacity building, and the bridging of public-expert knowledge divide | 用地规划中的参与式地理信息系统：数据质量、能力建设，以及公众－专家知识鸿沟间的桥梁

11：30-11：50 Shen, Yao | Perceived accessibility margin: A new perspective on spatial segregation | 感知可达性增量：空间隔离的一个新视角

11：50-12：10 Zhou, Xingang | City diagnosis with the city intelligence quotient evaluation system | 基于智能城市评价体系的城市诊断

12：10-12：30 Discussion 讨论

12：30-13：30 Lunch: San Hao Wu Restaurant 午餐：三好坞餐厅

Session 5: International Experience of Spatial Planning

Moderator: Prof. Peng, Zhong-ren, College director of PhD program, University of Florida

主题 5：空间规划国际案例借鉴

主持人：彭仲仁 教授，佛罗里达大学城市与区域规划博士项目主任

13：30-13：50 Weninger, Kurt | Strategies for rural areas：Best practice cases from Austria | 乡村地区的策略：奥地利最好的实践案例

13：50-14：10 Shen, Zhen-jiang | Outline of urban planning system in Japan | 日本城市规划体系概览

14：10-14：30 Erpenstein, Annette | New types of community in Europe | 欧洲的新型社区

14：30-14：50 Xiang, Wei-ning | Why does ecopracticology matter to spatial planning? | 生态实践学为何对于空间规划很重要？

14：50-15：10 Discussion 讨论

15：10-15：20 Coffee break 茶歇

15：10-15：20 Round Table | 圆桌会议

Moderator 主持人：Prof. Legates, Richard

Participants | 参 加 人：Peng Zhong-ren; Smith, Nick;

Delfosse, Claire; Weninger, Kurt; Jachna, Timothy J.; Stockard, James; Liu, Yan; Yan, Wentao; Qin, Bo; Wang, Lan; Zhu, Wei; Cheng, Yao

16：50-17：00 Closing 闭幕式

Conclusion of the symposium by Prof. Yang Guiqing, Head of Urban Planning Department, CAUP

总结：杨贵庆 教授，城市规划系主任

Day 3：Monday, May 13th

第三天：周一，5 月 13 日

学术调研日程安排（略）

附 2：微信推送稿二——第一天会议

【会议报道】

"城乡共构视野下的空间规划"国际研讨会顺利召开

城市规划学刊 2019 年 5 月 11 日

2019 年 5 月 11 日，"城乡共构视野下的空间规划"国际研讨会在同济大学建筑与城市规划学院 B 楼钟庭报告厅顺利开幕。本次会议由同济大学建筑与城市规划学院主办，同济大学建筑与城市规划学院城市规划系、《城市规划学刊》编辑部、上海同济城市规划设计研究院有限公司承办。

众多知名中外专家学者齐聚一堂，将围绕生态安全和可持续、空间治理与公共政策、社会转型和社区建设、新技术和空间发展、空间规划国际案例借鉴等议题，针对空间规划的突出问题、发展经验、干预实效、实践需求和教育发展趋势等内容展开深入探讨。

11 日上午，研讨会顺利开幕，并有三位学者发表主题演讲。

开幕式

开幕式由同济大学建筑与城市规划学院城市规划系主任杨贵庆教授主持，中国工程院院士、同济大学副校长吴志强教授、同济大学建筑与城市规划学院党委书记彭震伟教授分别致辞。

主题演讲

11 日上午的主题演讲环节由同济大学建筑与城市规划学院城市规划系副系主任卓健教授主持，中国工程院院士、同济大学副校长吴志强教授、明尼苏达大学 Lindsey Greg 教授和维也纳工业大学 Kanonier Arthur 教授分别发表主题演讲。

主题演讲一：国家空间规划的域及其智能化

中国工程院院士、同济大学副校长吴志强教授以《国家空间规划的域及其智能化》为题，从"国家空间规划的域、七域的大智移云技术支撑、面向国家空间规划的智能化实践案例"三方面进行了精彩报告。

首先，吴志强院士介绍了中国"域"的演进：从中国传统城市管理的国、省、县三"域"到共和国成立后增加地级市"域"和乡"域"，中国的"域"逐渐形成了现在的"五级三类"的空间规划体系。同时借鉴德国空间治理体系，在五个域的基础上增加以问题为导向的跨省域规划、以人为本的乡村规划，借鉴欧盟国家之间的规划增加跨国协作的域，最终形成"5+2+1"的空间规划体系。

其次，吴志强院士介绍了七域的"大智移云"技术。他指出中国人工智能的最大特点是通过人工智能推动城市规划、运营、管理的全过程，进而推动人民生活的美好发展，而"大智移云"技术正是利用人工智能基于高精度、高频度、高维度的大数据，通过城市生命规律的大量挖掘支撑城市理性研究，通过获得实时实地的人的活动轨迹支撑百姓参与，通过空间数字化、人工智能、情景模拟等方法支撑空间规划。

最后，吴志强院士指出要注重智能化空间规划的复合频率，针对不同尺度的规划构建不同粒度与频度的数据库，强调规划决策中要坚持目标制定、动力识别、路径检验、效果保障的规划核心；并展示了国域尺度基于智能城市评价指标体系的长三角城市诊断、市域尺度基于大数据的职住平衡诊断、地块尺度用地功能的推演等不同尺度的智能空间规划案例。

主题演讲二：城市化与水资源：紧缩时代的政策实施

明尼苏达大学的 Lindsey Greg 教授就当下明尼苏达州所产生的水资源问题以及相应的治理问题带来了题为《城市化与水资源：紧缩时代的政策实施》的报告。报告从水资源政策和政府管理的趋势、明尼苏达州的城市化(农村人口的减少)管理对水资源的影响、城市水资源管理面临的财务挑战和紧缩时期的政策策略四个方面展开。

明尼苏达州中西部的小镇人口小于600万,水资源丰富,素有"万湖之乡"的称呼。通过数据追踪发现,80%的河流都可以满足人们的各种活动,例如饮用,娱乐等。与此同时,明尼苏达州也有着相应的水资源污染的问题,如水体的富营养化。

美国联邦体系于1972年立水清洁法,在20世纪70年代立有安全饮用水法,在当今设有美国环境保护机构管理执行水资源保护。在地方方面,明尼苏达州设有明尼苏达污染控制机构,明尼苏达健康部门和公共市政(饮用水和废水)工作机构,并设置土壤和水资源保护区域。

随着城市化发展,小镇地区人口减少,大都市人口集聚,区域性的功能失衡凸显。大都市中出现城市蔓延与收入失衡的问题,污水的排放和处理问题会影响到区域的水资源安全。而这些工程需要较高成本,找到相应的资金来源就显得尤为重要,也再一次强调了空间规划的重要性。

由于政府在环保方面的投资减少,需要进一步考虑如何找到相应的资金来源,例如是否考虑提高税收。政府应该意识到提高水资源的质量是非常重要的,并且请专业的团队利用大数据等技术手段去治理水污染,把资金用在刀刃上。

主题演讲三：奥地利的第二居所：一个规划的视角

维也纳工业大学的 Kanonier Arthur 教授的报告《奥地利的第二居所：一个规划的视角》，介绍了奥地利第二居所的类型和挑战，以及在规划视角下的应对策略。

第二居所是指仅在度假、工作或娱乐等短期活动中进行居住的住所。第二居所类型的划分并没有统一的标准，按照不同的目的可以划分为不同的类型，例如：按照第二居所的用途可以划分为工作型第二居所、娱乐型第二居所；按照第二居所的形式可以划分为独立第二居所、公寓式第二居所、大型住宿企业等。

Kanonier Arthur 教授介绍奥地利范围内有较大面积被阿尔卑斯山覆盖，这些生态良好的区域为第二居所的建设提供了优异的空间条件。第二居所的建设能带来有明显的好处，包括：（1）吸引投资：度假村对当地商业的繁荣起着至关重要的作用；（2）创造就业：度假村成为当地经济的重要组成部分；（3）提高房屋利用效率：当地利用率较低的老建筑，可以改造成为第二居所，提高建筑利用效率等。

同时，第二居所的建设也带来的一些问题和挑战：（1）由于人们的短暂性居住，对基础设施的利用率降低，造成资源浪费；（2）由于第二居所的影响，导致当地居民负担不起，被迫搬离而造成的鬼城和社会不公平等社会问题。

这些问题表现得日益严重，加上奥地利复杂的地理环境导致的可居住用地的有限性，在 2012 年 3 月，奥地利全民公投通过对限制第二居所的决议，奥地利政府通过对第二居所采取了一系列的规划应对策略：（1）对农村地区的第二居所进行限制；（2）为第二居所用地进行划区，并对其用地总量进行控制；（3）对大体量第二居所进行限制；（4）对违规第二居所进行严格的管控等。

三位的主题报告从不同视角，聚集空间发展与规划前沿问题，内容精彩纷呈，引起了现场专家学者们的热烈讨论。

（文字报道：沈娉，桂远本、李博涵、赵梦飞、张筱萌；图片报道：赵贵林、张筱萌，图 54）

附 3：微信推送稿三——第二天会议

【会议报道】
"城乡共构视野下的空间规划"国际研讨会之
分议题报告
城市规划学刊，2019 月 5 月 12

11 日下午至 12 日，研讨会分"生态安全和可持续""空间治理与公共政策""社会转型和社区建设""新技术和空间发展""空间规划国际案例借鉴"五大议题进行了分组学术报告（图 55、图 56）。

图 54　国际研讨会合影及演讲嘉宾

（照片由规划系办公室提供）

图 55　国际研讨会演讲嘉宾

（照片由规划系办公室提供）

图 56　国际研讨会会场图片汇集

（照片由规划系办公室提供）

议题一 生态安全和可持续

议题一分组报告由同济大学建筑与城市规划学院城市规划系副系主任耿慧志教授主持，法国里昂大学乡村研究实验室主任 Claire Delfosse 教授、伊利诺伊大学芝加哥分校 Kheir Al-Kodmany 教授、同济大学建筑城规学院院长助理王兰教授和耶鲁-新加坡国立大学学院的 Nick Smith 教授分别作学术报告。

法国里昂大学乡村研究实验室主任 Claire Delfosse 教授的报告《城市食品的新需求：城乡联系的再思考》，介绍了法国城乡间的农业网络的形成、特征和作用。热爱美食的法国人希望从近郊获得新鲜食品，城乡因而形成一种联系，这种联系因物流业发达而变得空前紧密。另外，兼具种植和景观功能的菜园也在城市中出现。Claire Delfosse 教授总结道，城乡间的农业网络不仅仅是一种人工联系，在加强城乡间联系的同时，农业网络还提升了城市和乡村生态系统的生态多样性，推动了具有本土性的食物供应。

伊利诺伊大学芝加哥分校 Kheir Al-Kodmany 教授的报告《美国城市和郊城的蔓延：问题和对策》以芝加哥区域为例，分享了关于城市和城郊蔓延现象的思考，包括其模式及驱动因素、问题和相应的管理对策。通过对于城市中关联网络可视化综合分析，得出经济和运输是塑造大型区域的核心要素，并将芝加哥区域网络与次级市场网络及全球网络叠加观察，分析不同等级区域之间的联系。最后，Kheir Al-Kodmany 教授讨论了芝加哥区域目前发展面临的问题，比如就业困难、居住成本上升、社会隔离、社区犯罪攀升和环境污染等问题，并提出要基于环境，以人本尺度解决问题。

同济大学建筑城规学院院长助理王兰教授的报告《面向健康城市的空间规划：理论框架和基于证据的实践》，讨论了健康城市的概念、要素和途径。健康城市不但指居民身心健康，也包括城市在经济、社会环境等领域的健康发展。通过大量实证研究，王兰教授认为城市建成环境主要通过四种规划要素和三种途径对公共健康产生影响，四种要素包括土地使用（Land use）、城市形态（Urban Form）、道路交通系统(Road and Transportation System)及绿地和公共空间（Green and Open Space），三种途径包括：减少空气污染及人体在污染中的暴露机会、增加体育活动以及社会交往活动和提供易于获取的健康设施。

耶鲁－新加坡国立大学学院 Nick Smith 教授的报告《其他途径的城市化：城乡协同的规划理念》，分享了关于城乡协同的规划理念的重新认识以及在乡村规划中的实践。以中国重庆为例，城乡二元分隔的结构带来城乡规划中的非理性现象，比如规划中的行政边界线所形成的单一分割和城市常住人口与户籍人口的待遇区别等。目前，乡村规划未因地制宜发挥乡村的独特优势，也未能在城乡之间形成健康的双向交流。Nick Smith 教授认为城乡统筹下的新型农村可成为城市居民探索另一种生活模式的好去处和城市居民与乡村居民交流的场所。

议题二 空间治理与公共政策

议题二分组报告由同济大学建筑与城市规划学院颜文涛教授主持，法国里昂大学的 Françoise Paquien-Seguy 教授、中国人民大学公共管理学院城市规划与管理系主任秦波教授、辛辛那提大学设计、建筑、艺术和规划学院院长 Timothy Jachna 教授和同济大学建筑与城市规划学院的陈晨副教授分别作学术报告。

法国里昂大学 Françoise Paquien-Seguy 教授的报告《里昂的丝绸：赢回丝绸城市形象的中法城市策略》，介绍了里昂丝绸发展从兴起到衰落的历史和寻求振兴策略的过程。里昂作为欧洲有名的丝绸产业重镇，在工业化的冲击下传统丝绸产业衰落，里昂一些企业和法中研究所等社会组织试图重振里昂的丝绸行业，向中国杭州寻求合作是其中的重要策略。具体的策略包括兴办中法学院，申请丝绸文明的世界遗产城市，寻求中国丝绸企业的合作和通过"铁路丝绸之路"加强与中国的交通联系。

中国人民大学公共管理学院城市规划与管理系主任秦波教授的报告《国家空间规划体系国际研究：自然禀赋、治理结构和城市化》，分享了关于国家空间规划体系的国际化研究。这响应了我国成立自然资源部，发展空间规划的战略。研究分析了成立空间规划的某些必要性与优势，讨论了单一空间规划是否能够应对复杂的内容框架与多元化的治理结构。秦波教授以数据论证了采取空间规划的国家及地区的相似之处，进一步分析了空间规划的适用性。

辛辛那提大学设计、建筑、艺术和规划学院院长 Timothy Jachna 教授的报告《社会风险下的区域未来：以珠三角为例》，基于香港理工大学一个为期六天的密集型工作坊来讨论珠三角面临的风险和应对策略。参与工作坊的学生被分为六组，每组在社会、经济、文化、地理等方面去研究珠三角各城市在当前价值体系下可能面临的风险。Timothy Jachna 教授给出了策略上的建议，面对这些风险和挑战，首先，要重新在空间上配置资源，把"鸡蛋"放进不同的篮子。其次，要对当前基础设施系统进行"适海化"改造，使得基础设施系统应对海平面上升灾害的能力得到进一步提升。

同济大学建筑与城市规划学院陈晨副教授的报告《工业遗产改造作为城市更新触媒的深层机制研究——基于上海市宜山路街区和场园街区的案例比较》，通过对比案例分享了关于工业遗产改造推动城市更新的研究。研究分析了为什么当前常见的工业遗产改造作为创意产业的措施没有带动区域发展。通过两组案例对比研究，包括工业遗产的改造方向，周边区域是否产生经济复苏的迹象，以及两者之间有无关联，研究提出了在城市更新中，社区参与是激发触媒活力的重要因素。

议题三　社会转型和社区建设

议题三分组报告由同济大学建筑与城市规划学院院长助

理王兰教授主持，哈佛大学 James Stockard 教授、清华大学建筑学院城市规划系副系主任田莉教授、香港城市大学 June Wang 教授和法国里昂大学 Jérémy Cheval 教授分别作学术报告。

哈佛大学 James Stockard 教授的报告题为"城市住房政策及其对城市空间的影响"。每个国家都会面临住房问题，与其相关的政策通常涉及法律、规章和行政三个层面。美国目前面临的住房问题与交通、教育和基础设施等方面息息相关。制定住房政策的关键是关注家庭政策，住房政策的目标应是让每个人都实现住房的权利，每个人都有幸福的家庭。最后，James Stockard 教授做出一些政策方面的建议，如确保每个公民的居住权利，设置家庭住房最低标准，基于人口流动进行规划和为低收入家庭提供必要的福利等。

清华大学建筑学院城市规划系副系主任田莉教授的报告《集体土地改革是中国特大城市保障住房的解决途径吗？——以北京为例》，探讨了集体土地改革作为中国特大城市保障住房解决途径的可行性。田莉教授首先梳理了自1998年住房改革后存在的住房负担问题，以及自2005年起中央与地方政府推出的集体土地改革政策。随后以改革试点城市北京市为例，评判近两年相关规划项目的完成度，并探索导致其进度缓慢的原因。最后借鉴相关的国际做法，给出基于集体土地改革缓解中国特大城市保障住房的有效建议。

香港城市大学 June Wang 教授的报告《中国遗产生成中的

社区赋能》，从历史发展过程切入，启示大家重新审视遗产现有结果的合理性。无论是历史建筑的挂牌还是文献作品的记录，历史进程中的利益和价值观都被前人有选择性地展示给了后人。黄山市宏村对社区遗产的做法并没真正体现遗产价值，更多的是出于功利主义的考量。而香港蓝屋的居民大力反对政府拆迁并坚持留居，将社区实现保留。每个人生存所处的社会结构是不同的，生活在不同栖息地的人群继承相应的价值观并表达自我，真正的历史应对这些给予充分的尊重。

法国里昂大学 Jérémy Cheval 教授的报告《从乡村到巨型城市的社会空间转型》指出，人的迁移总是将自己原有的行为习惯带入新的生活环境中，基于此，对于其原有社会空间的研究就存在必要性。借助街弄老照片的收集、公共空间物品摆放的观察，Jérémy Cheval 教授展示了上海里弄中的共享空间理念，而这种空间的共享也促生了居民的交流。规划师或设计师进行居住区设计时一方面要尊重居民原有的生活习惯，另一方面也可以从居民的自发更新改造行为中获取灵感。

议题四　新技术和空间发展

议题四分组报告由中国人民大学公共管理学院城市规划与管理系主任秦波教授主持，佛罗里达大学城市与区域规划博士项目主任彭仲仁教授、昆士兰大学的刘艳教授、同济大学助理教授沈尧博士和美国北卡罗来纳大学的象伟宁教授分别作学术报告。

彭仲仁教授的报告《科学驱动的城市规划与设计》，介绍了科学驱动与数据驱动下的规划设计领域研究问题。彭仲仁教授提倡用无人机和传感器等电子设备去检测大气污染情况，并进一步地研究用地布局与城市大气污染空间分布的关系。基于实际案例的研究，彭仲仁教授总结出高速公路和工业园区的选址、街道峡谷和路边建筑的形式以及城市通风廊道的设置会影响城市大气环境，并提出高速公路应避免穿越城市中心等具体策略。

刘艳教授的报告《城市（土地利用）规划中的公众参与的价值何在》，介绍了用地规划中的地理信息系统（PGIS）如何引导公众参与。以自身经历为例，刘艳教授分析了在规划过程中纳入公众参与的困难性，如费事费力、公众排斥和信息不可控等。PGIS系统旨在解决这些困难，公众登录网站后可以在地图上按照给出的24个标识符进行标注从而表达意见。实践证明，PGIS获取的公众信息与规划专家的判断存在一致性，参与式方法能够促进公众与专家之间的交流，并使规划增值。

沈尧博士的报告《感知可达性增量：空间隔离的一个新视角》，从隔离的概念出发讨论移动和可达性，并介绍了感知可达性增量。基于丰富的资料研究、模型构建和实证研究，他总结出感知可达性增量在居住隔离层面与聚集和分离均有相关性，其在居住多样性上被交通系统和就业分布影响，且职业划分下的可达性增量与人口分布和集群结构特征是一致的，这为规划师探究更好的城市结构提供了参考。

象伟宁教授的报告题为《为什么空间规划者需要生态实践学》。他从两个案例切入，同是麦克哈格在上世纪完成的两个规划图，其中一个被拒绝，另外一个被实施，但二者的正确性都在未来几十年的自然灾害中得以验证。随后他归纳了五个有关社会生态学的问题，这些在规划设计中十分重要但往往被回避。基于此，他提出生态实践学（Ecopracticology）的概念，并创办 SocioEcological Practice Research (SEPR) 杂志。

议题五　空间规划国际案例借鉴

议题五分组报告由佛罗里达大学城市与区域规划博士项目主任彭仲仁教授主持，维也纳工业大学 Kurt Weninger 教授、日本金泽大学沈振江教授、来自德国的 Annette Erpenstein 博士和同济大学助理教授周新刚博士分别作学术报告。

维也纳工业大学 Kurt Weninger 教授的报告题为《乡村地区的策略：奥地利最好的实践案例》，介绍了在复杂的人口发展模式这一背景下，奥地利划定城乡地区的探索过程和最终划定的类型，以及以资金为支撑，旨在提高农业竞争力、实现乡村地区均衡可持续的规划政策，并展示了三个代表性的、通过不同手段使村庄重焕生机和活力的村庄规划案例。

沈振江教授带来了题为"日本城市规划体系概览"的报告。首先，他介绍了日本行政区划中市的类别以及不同层级地方政府的规划管理权限。针对市级区划中的城市规划区域，沈教授重点介绍了总体规划体系以及县、市两层级政府的职能，并举例说明当城市规划区域在涉及多个自治市时，地方政府间相互协调是非常重要的。最后沈教授介绍了城市规划区域中土地利用规划的主要类型，并以金泽市为例展示了总体规划和土地利用规划的主要内容。

来自德国的 Annette Erpenstein 博士作了题为"欧洲的新型社区"的报告，指出在不可逆的城市化背景下，会出现越来越多的城乡移民与社区融合，因此不同类型的社区建设十分重要。结合欧洲不同城市中关注综合功能、住宅生活、文化教育、休闲活动等方面的 7 种类型的住区案例，Annette Erpenstein 博士提出新型社区的建设需要确立清晰的规划目标和愿景、完善管理模式和财政结构以及公众参与的支持。

同济大学助理教授周新刚博士带来了题为"基于智能城市评价指标体系的城市诊断"的报告，重点介绍了智能城市评价指标体系的结构体系、理论基础和技术方法。City IQ 智能城市评价体系在智能城市的定义、目标、国际案例及不同国家的智能城市评价体系等研究上形成。城市 City IQ 基于不同维度、不同指标的排名、评分及对比结果能在城市诊断、变化趋势研究以及智能城市设计方面发挥重要作用。

圆桌会议（图 57）

之后，进行了圆桌会议。会议由旧金山州立大学 Richard Legates 教授主持，昆士兰大学刘艳教授、法国里昂大学的 Claire Delfosse 教授、法国里昂大学的 Kurt Weninger 教授、耶鲁－新加坡国立大学学院的 Nick Smith 教授、哈佛大

图 57　圆桌会议嘉宾研讨
（照片由杨贵庆提供）

学的 James Stockard 教授、佛罗里达大学的彭仲仁教授、伊利诺伊大学芝加哥分校的 Kheir Al-Kodmany 教授、Annette Erpenstein 博士、中国人民大学秦波教授、同济大学王兰教授、同济大学朱玮副教授和同济大学助理教授程遥博士参与讨论。

闭幕式

最后，同济大学建筑与城市规划学院系主任杨贵庆教授和副系主任卓健教授分别对本次研讨会进行了总结。至此，"城乡共构视野下的空间规划"国际研讨会顺利闭幕。

（文字报道：沈娉，张筱萌，郑佳欣，赵雨飞，辛蕾，蒋姗姗，李博涵；图片报道：赵贵林，张筱萌）

补记二：小山村里的国际会议

2019 年 5 月 31 日（星期五）

在与德国柏林工业大学人居中心主任 Philipp Misselwitz 教授商议下，为推进 URA（Urban Rural Assembly）研究课题的调研，决定在黄岩案例点开展一次课题启动会。组织方以"同济大学城乡融合发展与规划高峰学科团队"名义。会议的名称定为"城乡融合推进乡村振兴中德联合研究课题启动会"。

整个活动从 5 月 28 日至 31 日。其中，5 月 28 日傍晚全体到黄岩区报到，29 日调研，并转至屿头乡沙滩村"枕山酒店"（柔川店）入住，在沙滩村乡村振兴学院开展研讨交流。5 月 30 日上午继续调研，下午课题组再内部讨论。5 月 31 日上午举办公开讲座。

公开学术讲座取名为"中德城乡融合推进乡村振兴——2019 黄岩国际学术座谈会"。各地城乡规划和研究专家与地方领导干部开展交流。黄岩区委陈建勋书记到场致开幕词。学术讲座采用中英同传的方式，邀请了合作过多次的张书田老师担当同声传译。我作为会议主持作了开场，会议上午 8：30 开始，开场的发言稿摘录如下。

尊敬的各位台州市、黄岩区领导，各部门和乡镇领导，尊敬的各位专家同行，大家上午好！

在这山清水秀、风光旖旎的黄岩区屿头乡沙滩村——这个过去很长一段时间鲜为人知的偏远山区小村庄，我们举行"城乡融合推进乡村振兴中德联合研究课题启动会"的学术讲座。来自世界顶尖大学如德国柏林工业大学等著名学者和国内同济大学、上海大学、浙江工业大学等多所学校的专家学者，和我们台州市特别是黄岩区的各级领导，在这里济济一堂，学习、了解和分享世界各地城乡融合、乡村振兴的先进理念、做法。

国际学术会议搬到了黄岩这个小山村，这件事本身意义就非常重大。它标志着，黄岩城乡融合推进乡村振兴走在了前列，它标志着黄岩区委、区政府对实施乡村振兴战略和城乡融合机制探索的高度重视和创造性实践；它标志着同济大学城乡规划学科和黄岩农业农村事业、城乡可持续发展的校地合作的新高度；它同时也标志着黄岩城乡融合乡村振兴的伟大工程迈入了国际视野、登上了国际学术平台。

在此，我谨代表同济大学城乡规划学术团队，向台州市黄岩区委、区政府，尤其是陈建勋书记，以及各部门、各乡镇长期以来的关心、支持，对我们本次中德联合研究课题启动会的大力支持，表示衷心的感谢和崇高的敬意！

这次参会德方专家 14 人，中方 25 人。由于时间关系，对每个专题内部的研究人员就暂不做一一介绍了。让我们向大家表示热烈欢迎和感谢！

　　三天的会议非常成功。这得益于黄岩区政府的全力支持和细致周到的后勤保障，屿头乡政府的配合支持。同济·黄岩乡村振兴学院北校区发挥了大作用，会议设施、场地和住宿都很好地满足了会议功能要求。在经过改造的大报告厅，29日晚上我还放映了《沙滩村》宣传片，上下2集，共1个小时。这个宣传片是由同济大学艺术传媒学院王荔教授编导完成的，中英文对照，正式出版发行。宣传片让与会外宾较为系统地了解了沙滩村和长潭湖水库建设的历史，了解了中国农村改革开放前后的社会背景和政策演进。

　　会议的召开很好地促进了课题组德方专家与中方专家之间的学术交流，对下一步科研工作的开展奠定了很好的基础，并对第二阶段继续联合申报课题作了坚实的铺垫。

　　三天会议期间的天气也特别爽朗舒适，阳光撒满了石板铺砌的乡村振兴学院广场。茶歇时伴着香气四溢的咖啡及可口的小点心，大家充分地畅谈交流。期间，全体课题参会人员在小山村里的会议楼前拍了大合影（图58）。我的研究生肖颖禾同学还为我和Philipp拍了交流时照片，当时是会议茶歇时，我俩在一起讨论计划安排。此照片也一并收录（图59）。

记录完成于2020年6月26日13：55

同济绿园添秋斋

城乡融合推进乡村振兴 中德联合研究课题启动会
城乡融合推进乡村振兴 中德联合研究课题启动会
The kick-off workshop of Sino-German joint research program on promoting rural revitalization through urban-rural integration

图 58 与会人员合影
（照片由王艺锋提供）

图 59　作者（右）与 Philipp Misselwitz（左）在屿头乡沙滩村合影
（照片由肖颖禾提供）

附：学术讲座内容安排

城乡融合推进乡村振兴中德联合研究课题启动会
学术讲座

The Kick-Off Workshop of Sino-German Joint Research Program

on Promoting Rural Revitalization Through Urban-Rural

Integration. Lectures

2019 年 5 月 31 日，台州，黄岩　Huangyan, Taizhou

组织方：同济大学城乡融合发展与规划高峰学科团队
Organizer: Tongji University Urban-rural Integrative

Development and Planning Team

地点：同济·黄岩乡村振兴学院（北校区），屿头乡沙滩村

开幕式主持：杨贵庆，教授，博士，同济大学建筑与城市规划学院城市规划系主任，同济大学城乡融合发展与规划高峰学科团队负责人，同济·黄岩乡村振兴学院执行院长，中德联合研究课题中方总负责人

Moderator：Prof.Dr. YANG Guiqing

08：30-08：40 主持人介绍讲座嘉宾　Introdution

08：40-08：50 地方政府相关部门领导致辞 Welcome speech from local government leaders

08：50-09：10 讲座1：城与乡交界面的规划：全球的挑战

Talk 1：Planning at the Urban-Rural Interface：The Global Challenge

讲座人：Philipp Misselwitz 教授，博士，德国柏林工业大学人居中心主任，中德联合科研（URA）德方总负责人

Speaker：Prof. Dr. Philipp Misselwitz

学术讲座（第二板块）　Session Two

主持人：陈前虎，教授，博士，浙江工业大学建筑工程学院院长 Moderator：Prof.Dr. CHEN Qianhu

09：10-09：30 讲座2：生态村：规划策略和实践路径

Talk 2：Eco Village：Planning Strategy and Path of

Practice

讲座人：颜文涛 教授，博士，同济大学建筑与城市规划学院博士生导师。同济大学生态智慧与生态实践研究中心副主任。国际生态智慧学社理事

Speaker: Prof.Dr. YAN Wentao

09：30-09：50 讲座3：中德城市规划和绿色基础设施

Talk 3: Urban Planning and Green Infrastructure in China and Germany

讲座人：Wolfgang Wende 教授，博士，德国莱布尼兹生态城市和区域发展研究院，研究部主任

Speaker: Prof. Dr. Wolfgang Wende

学术讲座（第三板块） Session 3

主持人：石慧娴，副教授，博士，同济大学环境科学技术学院

Moderator: A/Prof.Dr.SHI Huixian

10：10-10：30 讲座4：新时代浙江省乡村振兴的实践历程与政策

讲座人：武前波 副教授，博士，浙江工业大学建筑工程学院城市规划系

Talk 4: Rural Revitalization in Zhejiang Province: Planning Practice and Its History in New Era

Speaker: A/Prof. Dr. WU Qianpo

10：30-10：50 讲座5：重读、再思、再绘．空间图解

研究方法作为大尺度景观设计的一种合作规划工具

讲座人：Dr. Sigrun Langner 德国包豪斯大学，教授，博士

Talk 5：Re-Reading, Re-Thinking, Re-Mapping. The Raumbild Approach as a Collaborative Planning Tool for Large-Scale Landscape Design

Speaker：Jun.- Prof. Dr. Sigrun Langner

学术讲座（第四板块） Session 4

主持人：刘敏智，北京 ICLEI 智慧城市项目主管

Moderator：Merlin Lao, ICLEI East Asia

10：50-11：10 讲座 6：城乡人口流动的空间格局和变动趋势研究

讲座人：李永浮，副教授，上海大学建筑系

Talk 6：The Urban-Rural Demographic-Spatial Figuration and Patterns of Change

Speaker：A/Prof. LI Yongfu

11：10-11：30 讲座 7：科学政策对话的概念及其在 URA 课题中的角色

讲座人：Roman Serdar Mendle 德国伯恩 ICLEI 地方政府可持续发展中心，智慧城市项目主管

Talk 7：The Concept of Science Policy Dialogue and Its Role in URA

Speaker：Roman Serdar Mendle

提问回答　Question and Answer

主持人：Philipp Misselwitz 教授，杨贵庆教授

Moderator：Prof.Dr.Philipp Misselwitz，Prof.Dr.YANG Guiqing

补记三：贵州毕节乡村考察

2019 年 6 月 20 日—22 日（星期四—星期六）

  6 月 15 日，我收到中国民主建国会中央委员会办公厅的邀请函，希望我参加民建中央赴贵州黔西的调研。之前是因为民建中央社会服务部程喜真副部长在"中国浦东干部学院"听我讲了乡村振兴的课，黄岩的乡村振兴理念与实践给予她印象深刻，所以这次她特地推荐我参加民建高层次的考察活动，并希望我能给予规划指导。

  对我而言，第一次收到来自民主党派中央这么高规格的邀请，十分荣幸。这是对我在乡村振兴方面研究和实践工作的肯定。我将以一名同济大学城乡规划学科教授的身份，同时也以城乡规划技术人员的角色，为西部乡村的发展出谋划策。

  后来我才知道这次考察是由民建中央主席郝明金率队。郝主席又是在任全国人大常委会副委员长，是副国级身份。因此，之前的所有考察日程安排都以"首长"字样出现，不出现真实姓名。在贵州省人大常委会办公厅和中共毕节市委办公室的工作手册上，也都是称"首长"，工作手册都是标注"机密"，接待任务都用代码标注。这次调研的级别，是民建中央最高层次的了。首长一行人员名单，除了郝主席之外，还有以下几位：

李世杰，全国政协副秘书长、民建中央副主席兼秘书长；

陈小平，浙江省政协副主席、民建浙江省主委；

聂新鹏，农业农村部发展规划司副司长；

张明华，民建浙江省副主委、民建宁波市主委；

赵皖平，民建安徽省委副主委、安徽省农科院副院长、全国脱贫攻坚奖评审委员会副主任委员；

程喜真，民建中央社会服务部副部长。

考察团还有9位团队成员，在此就不一一列出了。按照乘车方案，主要领导都在一号车上。我被安排在二号车，由程喜真副部长在二号车带队。因此，沿途考察交流我也不受太多约束，一路畅谈，对沿途工作的赞许和批评都比较直接，这也让同车的领导感到来自高校的教授讲话风格确实不一样。

从6月20日至22日，时间跨越三天。调研行程安排精确到分钟，这让我感到惊叹又十分佩服。21日团队抵达，当晚就餐在贵阳市的省政府办公楼大院内。省委书记、省长一行都参加。晚餐之后直接乘车赶到黔西县，入住"永贵酒店"；21日（星期五）上午去观音洞镇元庆村，考察民建浙江省委、民建宁波市委组团帮扶的深度贫困村，主要是元庆村皂角基地；之后乘车去五里乡新法村，是民建贵州省委帮扶的黔西县深度贫困村，主要是新法村脆红李种植基地，再乘车去新法村村委会，也是民建贵州省委援建的村级文化活动阵地；当天下午考察了黔西经济开发区黔希煤化工项目，并乘车去黔西县中等职业技术学校，然后再前往杜鹃街道乌骡坝"同心新村"考察。第二天 22 日（星期六）上午 9：00 在黔西县行政中心 302 会议室召开"民建中央助力黔西贯彻新发展理念示范区建设调研座谈会"。会议 2 个小时，因下午主要领导将离黔返京，所以行程安排非常紧凑。

查询了相关材料之后，我理顺了前后整个工作的背景和线索。毕节试验区的成立可追溯到 1988 年 6 月，6 月 8 日时任贵州省委书记的胡锦涛同志专门在毕节地区开发扶贫、生态建设试验区工作会议结束时作讲话；6 月 9 日，国务院办公厅发文批复毕节试验区成立。2017 年 10 月 19 日，习近平总书记在党的十九大贵州省代表团作重要讲话，对毕节试验区作重要指示，提出"脱贫需要党的基层组织战斗力来加以引导"，并指出"到 2020 年实现第一个百年目标，重中之重就是脱贫攻坚战。现在时间已进入倒计时，我们再不能犹豫，再不能懈怠，因为没有时间了。打赢脱贫攻坚战，在此一举"。之后，时隔不到一年，2018 年 7 月 18 日，习近平总书记又对毕节试验区工作作出重要指示。其中谈到了"统一战线广泛参与、倾力相助、作出了重要贡献"。让我感到振奋的是，习总书记专门指出：要着眼长远、提前谋划，做好同 2020 年后乡村振兴战略的衔接，着力推动绿色发展、人力资源开发、体制机制创新，努力把毕节试验区建设成为贯彻新发展理念的示范区。

在此大背景下，民建中央选择毕节的黔西县来助力建设新发展理念示范县，这就比较好理解了。我估计其他民主党派中央也在毕节市的其它县市区组织落实习总书记的这一指示精神吧。

22日（星期六）上午的座谈会由毕节市委书记、市人大常委会主任主持，先是由毕节市委副书记汇报全市的脱贫攻坚工作情况和新发展理念示范区建设情况，之后由市委常委、黔西县委书记汇报县的工作，接下来就轮到调研组同志发言。会议最后是郝明金主席讲话。

由于给调研组专家发言的时间不多，有人建议我尽早发言谈观点。于是，我在开会伊始，专门草拟了发言稿。摘记如下：

尊敬的郝委员长，各位领导，大家上午好！

我是来自同济大学建筑与城市规划学院城市规划系的杨贵庆。我们学校"城乡规划学"一级学科是全国的A+学科，双一流建设学科。这次很荣幸受邀参加团队考察和座谈会，深切感受到了民建中央在贵州毕节、黔西的深度参与"开发扶贫、生态建设试验区"这一伟大事业所做出的努力和成效，为民生福祉奋斗，功德无量。首先表达我由衷的赞叹和崇高的敬意！

下面我谈一谈学习考察体会，分为一个总体认识、三点建议：

一、一个总体认识

从"开发扶贫、生态建设试验区"到"贯彻新发展理念示范区"是一个新时代的重大跨越。

目前"开发扶贫、生态建设试验区"取得了很大成效。昨天调研的乌骡坝同心新村就是一个很好的实践成果。通过产业扶贫，村子能够"活"下去了，开始生发出自身的造血机能。然而，也应看到，整体上发展挑战仍然很大。面向新时代，发展得不充分、不平衡问题突出，而且不平衡的差距某种程度上还在加大。因此，习总书记讲：确保毕节试验区按时打赢脱贫攻坚战的同时，要着眼长远，提前谋划，做好同2020年后乡村振兴战略的衔接。建设"贯彻新发展理念的示范区"，这是极具战略眼光的重大决策，如何在新时代实现新跨越？如何深刻全面领会"示范区"？示范什么？怎么证明有示范性？又如何示范？这些是摆在我们面前的重大课题，迫切需要攻关！对此，我谈以下三点建议：

建议一：构建"示范区"系统化的科学理论框架以指导实践。

一是把"创新、协调、绿色、开放、共享"新发展理念和毕节实际相结合，要着力把握好"推动绿色发展、人力资源开发和体制机制创新"三者的内在逻辑、内在关联，它们是一个整体。应全面着眼，突出重点，以此指导毕节的乡村振兴工作。

二是科学理论框架的建构一定要放在一个历史发展过程来全面地、长远地看待。如果我们认可生产力决定生产关系，那么生产关系影响了社会关系并决定空间关系。纵观山地人居文明历史，落后生产力导致乡村衰败，如今面临乡村社会空间重构。如何处理新与旧的关系？如何实现创造性转化、创新性发展？实现乡村文明的复兴？这需要辩证地来看待，不能一个标准。

三是科学认识"绿水青山就是金山银山"，其中的"就是"不是"等于"，绿水青山不等于金山银山，这个"就是"是好比一个"催化剂"，是充分必要条件。金山银山必须以绿水青山为基础，而实现金山银山必须要找到发力点。

四是如何科学认识乡村是我国现代化进程的重要战略资源？要科学辩证认识乡村与城市关系：未来，乡村与城市是现代化中国的两种不同类型的人居环境形态，它们都同样现代化。居住在乡村还是城市，不是贫富差别，而是价值观的不同。乡村不应该是脏、乱、差、贫穷、落后的代名词。乡村要现代化，而不是城市化。乡村是要拥有现代化宜居的水平，而不是要建得像城市那样。城市化的过程也不应成为消灭乡村的过程。乡村和城市两者可以在现代化过程中高水平共存。通过城乡融合、城乡共享实现示范区的全面发展。

建议二：构建示范区系统化的实操方法体系以指导实践。

在这里，我简要介绍一下同济大学和浙江台州黄岩区校地合作创新提炼的"乡村振兴工作法"。自 2012 年开展战略合作以来，同济大学和浙江黄岩区共同建立了"黄岩美丽乡村规划建设专家智库""同济大学美丽乡村规划教学实践基地""中德乡村人居环境规划联合研究中心"，共同推进了几个省级历史文化村落保护改造工作。2016年浙江省级现场会吸引了全省乃至全国的目光，沙滩村还被选为中国当代村庄发展的浙江样本。中德乡村人居环境可持续发展国际研讨会连续3次在黄岩村庄举办，乌岩头村样本成为新华社报道"千万工程"的七大经验案例村之一。去年2月6日，校地共建了全国首家乡村振兴学院——"同济·黄岩乡村振兴学院"，提炼总结出"乡村振兴工作法"十法共40个要点，包括"文化定桩、点穴启动、细化确权、功能注入、柔性规划、适用技术、培训跟进、党建固基、城乡共享、话语构建"。总体上看，"乡村振兴战略"的目标只有一个，但各地实现这一战略的路径应该是多元的。毕节示范区应根据自己的特点，构建相应的实操方法体系。

建议三：构建示范区先锋实践项目样本点，以点带线，连线成网，阶段突破，提振信心。

具体方法是：把"绿色发展、人力资源开发和体制机制创新"三者与乡村振兴的"文化振兴、人才振兴、产业振兴、生态振兴和组织振兴"五个方面两两连线，形成矩阵，建构项目库，选择项目点。同时，应注重建成环境品质、地方风格建筑，村落风貌特色，避免简单认识和粗浅理解，比如把"新农村"简单做成"拆旧建新"，把"美丽乡村"做成涂脂抹粉化妆式的粉刷油漆。

总之，要实现毕节示范区新时代的重大跨越发展，就需要把手中的一把好牌打好，务必打好组合牌，即："两山理论"的"生态牌"、少数民族特色文化的地方"文化牌"、优秀传统文化的"双创牌"，城乡双向"赋能牌"。

上述观点提得不对不妥之处，请领导批评指正！谢谢大家！

时光飞驰。当我整理上述的参会发言记录，时光已匆匆过了近一年。现在回想起来，恍若在昨天。考察团有些人的音容笑貌在脑海中因今日的回忆而清晰明朗。当天的发言现在想起来还记忆犹新，但也感触颇多。由于我较少参加这样的座谈会，不知道那天的发言是否妥当？是否过于学院派或书呆子气？与会人员是否能听懂或是否愿意听？现在来看，也许我会觉得有些过于理论和学究气，也许应针对实际问题提出更切实有效的办法。有些事情只有经历过，方能感受到经验教训，其中的关键，是要不断提升自己。

当然，还有些话因种种原因尚无法在会议上说。那两天的考察，深切感到贵州在经济社会和物质环境方面与东部地区发展的差距。贵州毕节等地与我这些年在浙江黄岩相比较，可深刻感到之间的巨大差距。其中，山水地形等自然环境方面的差异不是很大，但在人的精神风貌方面的差异比较明显。只要听一听当地人的讲话、对所提问题的回答，以及在与他们对视的眼神中，都可以感受到思维方式乃至心灵深处的不同。个体独处时的聪明伶俐与地方人才环境刻板僵化之间的深刻矛盾，不仅牺牲了个体的积极性和创造力，也阻碍了人才的自由、公平生长的机会。再回到习总书记提到的毕节示范区"人力资源开发和体制机制创新"，可见多么及时、多么必要和多么深刻啊！

记录完成于 2020 年 6 月 7 日 23：19

同济绿园添秋斋

参考文献

[1] 新华网客户端 . 习近平对毕节试验区工作作出重要指示 [EB/ol]. https://baijiahao.baidu.com/s?id=1606411502643513 364 & wfr=spider & for=pc.

[2] 杨贵庆 . 乡村人居文化的空间解读及其振兴 [J]. 西部人居 环境学刊，2019（06）：102–108.

[3] 杨贵庆 . 面向国土空间规划的未来规划师卓越实践能力 培育 [J]. 规划师，2020（07）：10–15.

[4] 杨贵庆 . 论国土空间规划技术标准体系的价值观 [J]. 城市 规划学刊，2020（04）：10.

后　记

　　本书的初稿完成于 2020 年 8 月。当我把一厚叠书稿交给同济大学出版社江岱副总编的时候，她惊喜又感叹。她回想起一年前的这个时候在同济"学苑餐厅"和我聊天的场景，说她曾经和好几个人谈过出书的策划构思，但是很少有人像我这样把她的想法和建议付诸实施。一周之后，她联系我说马上可以签订出版合同了，并说希望能赶上来年的全国书展。

　　但是由于疫情和其他各种原因，出书的计划有些滞后了。诚然，要把几十篇手写的书稿打字成电子文件，本来就不是一件容易的事情。况且有一些记录是在比较匆忙的状态下写就的，字迹比较潦草，辨认有些难度。此外，还要把相关的附录材料、照片等都一一准备好，都需要花大量时间。只有全程经历出书的环节，才能体会到这的确是一件痛并快乐着的事情，需要有坚持的韧力。

　　如今，书稿终于要付梓出版了，这得益于多方面的支持和帮助。我怀着感恩的心，感谢曾给予帮助和支持的各方人士！感谢同济大学出版社江岱副总编，策划并鼓励我完成这一特殊的写作之旅。感谢本书中涉及到的地方政府领导和专业领域同行，以及未能叫出姓名的乡镇干部和村民，正是各方因缘际会，才使得本书的札记成为可能。还要感谢我的单位同事，在我担任同济大学城市规划系系主任期间给予的信任和支持！

要感谢上海同济城市规划设计研究院有限公司教授工作室的高级工程师宋代军博士、王艺铮助理规划师！感谢我指导的同济大学城市规划系博士研究生、硕士研究生！我们正是以师生的共同参与，投身于如火如荼的中国城乡现代化伟大事业，践行着"把论文写在祖国大地上"的号召。

此外，还要感谢我的硕士研究生黄子薇、夏小懿、李皇龙和本科生邓文玥等同学，他们协助把我的手写文稿打字成电子文件、参与校对等出版协助工作。

要感谢同济大学出版社荆华编辑等，为本书的出版给予了积极支持。

由于认识上的不足，对于书中的不妥甚至错误之处，望读者不吝批评指正！

同济大学建筑与城市规划学院，教授、博士生导师
教育部高等学校城乡规划专业教学指导分委会委员
中国城市规划学会山地城乡规划学术委员会副主任委员
2021 年 10 月 8 日